高职高专机电类专业规划教材

电工技能实训教程

主　编　陈爱群　任艳君

副主编　谢定明　王华平

参　编　文　武　卢　艳　李云松

　　　　刘　韵　肖耀平　黄明胜

主　审　任德齐

机　械　工　业　出　版　社

本书是一本以维修电工岗位能力要求为教学目标的实训教程，体现了以岗位标准为依据，以社会需求为导向的编写原则。全书按照岗位标准由浅入深共设置了18个实训项目，涵盖了电工安全、电工工具与仪器操作、照明电路、电工电子、三相异步电动机基本控制等维修电工操作技能和职业规范等内容，可以满足高、中、初级各个岗位标准的需求。书后附加了维修电工鉴定考核试题及参考答案，可供证书考核培训使用。

为方便教学，本书备有电子课件等，凡选用本书作为教材的学校均可来电免费索取。咨询电话：010-88379375，E-mail：cmpgaozhi@sina.com。

本书不仅可作为高职高专院校工科学生维修电工实训课程教材和维修电工岗位证书考核培训教材使用，也可作为企业对相关从业人员的培训教材，还可供中职和技校学生作维修电工培训教材使用，并可供相关工程技术人员及电工从业人员学习参考。

图书在版编目(CIP)数据

电工技能实训教程/陈爱群，任艳君主编. —北京：机械工业出版社，2010.10(2018.7重印)

高职高专机电类专业规划教材

ISBN 978-7-111-31855-2

Ⅰ.①电… Ⅱ.①陈… ②任… Ⅲ.①电工技术-高等学校：技术学校-教材 Ⅳ.①TM

中国版本图书馆CIP数据核字(2010)第176913号

机械工业出版社(北京市百万庄大街22号 邮政编码100037)

策划编辑：于 宇 责任编辑：王宗锋

版式设计：霍永明 责任校对：张 媛

封面设计：陈 沛 责任印制：常天培

北京机工印刷厂印刷

2018年7月第1版第5次印刷

184mm×260mm · 10印张 · 242千字

12 501—14 000册

标准书号：ISBN 978-7-111-31855-2

定价：26.00元

凡购本书，如有缺页、倒页、脱页，由本社发行部调换

电话服务

服务咨询热线：010-88379833

读者购书热线：010-88379649

网络服务

机 工 官 网：www.cmpbook.com

机 工 官 博：weibo.com/cmp1952

教育服务网：www.cmpedu.com

金 书 网：www.golden-book.com

前　　言

本书是依据《中华人民共和国职业技能鉴定规范》对中、高级维修电工的知识和技能要求，结合高职高专院校工科学生掌握维修电工岗位操作技能和获取岗位证书的需要，并与重庆大顺电器有限公司、重庆三信电子有限公司合作，以任务驱动的工程实训项目为线索，结合企业生产实际以及对人才的实际需求共同编写的。

全书按照岗位标准由浅入深共汇集了18个具体的工程操作实训项目，主要内容有电工安全与急救知识，常用电工工具的使用与导线连接，常用电工仪表的使用与测量，日常民用电路的安装，焊接技能训练，电工电子技术基本技能训练，低压电器的检修技能训练，三相异步电动机的拆装与维护，三相异步电动机的开关直接起动控制，三相异步电动机接触器的点动控制，三相异步电动机接触器自锁控制与故障检测，三相异步电动机的顺序控制，三相异步电动机的多地控制，接触器联锁电动机正反转控制，PLC控制电路，工作台自动往返控制，C650型车床的电气控制和故障检测等，涵盖了维修电工主要的岗位能力要求。书中每个项目包含学习要点、任务描述、任务实施、考核要点、能力拓展和相关知识点等多方面的内容，且每个实训项目都有一项或几项明确的目标任务，并有具体的操作方法和详细的考核目标。本书最大的特点就是将技能与知识紧密结合，学生通过实训掌握了实际的操作技能，同时又可以通过相关的知识点掌握相应的理论知识。这样既能达到维修电工岗位技术能力培养的要求，也适用于岗位证书的考核能力培养，对学生的创新和能力拓展也有引导。书后附有维修电工鉴定考核试题及参考答案可供证书考核培训使用。

本书实训项目1和实训项目2由卢艳编写；实训项目3～实训项目5由谢定明编写；实训项目6和实训项目7由李云松编写；实训项目8～实训项目10由任艳君编写；实训项目11、实训项目12和维修电工鉴定考核试题由文武编写；实训项目13和实训项目14由刘韵编写；实训项目15和实训项目16由王华平编写；实训项目17和项目18由陈爱群编写。重庆大顺电器有限公司的肖耀平高级工程师和重庆三信电子有限公司的黄明胜工程师对实训项目的设置进行了指导，并参与了各项目中实训任务的编写工作。本书由陈爱群、任艳君担任主编并负责统稿，谢定明、王华平担任副主编并参加了统稿工作。

本书由任德齐教授主审，任教授肯定了本书的特色，并提出了宝贵的意见和建议，在此表示衷心的感谢。此外，本书编写过程中翻阅了大量的参考资料和国家岗位标准资料，也得到了许多企业工程技术人员、技师和工程师们的指导和帮助，在此一并表示诚挚的谢意。

限于编者水平和实践经验有限，书中难免存在缺点和不足之处，恳请广大读者批评、指正。

编　者

目　录

实训项目1　电工安全与急救知识

1.1　学习要点

1）了解维修电工应具备的条件、其主要任务以及人身安全常识。

2）掌握安全用电知识、触电急救知识与急救方法。

1.2　任务描述

1）通过更换室内荧光灯管的实训，让学生掌握基本的安全用电技能。

2）通过触电事故中的脱电演练，让学生具备判断触电情况，并选择正确脱电方式的技能。

3）通过对触电脱电后的触电者进行触电急救演练，让学生具备判断触电者的触电情况，并选择正确急救方法的技能。

1.3　任务实施

1.3.1　更换室内荧光灯管

任务内容：更换室内荧光灯管。

1. 编制器材明细表

该实训任务所需器材见表1-1。

表1-1　更换室内荧光灯管所需器材明细表

序号	名　称	规　格	数　量	备　注
1	荧光灯管	25W	1套	
2	梯子或椅子		1架或1把	
3	绝缘胶鞋		1双	

2. 安装前的检查与准备

1）确认安装环境符合电工操作要求。

2）穿上绝缘胶鞋，确认绝缘胶鞋符合安全要求。

3. 实施步骤

1）确认荧光灯开关已经断开。

2）将梯子或椅子放到灯下方，爬上梯子或站上椅子。

3）将已坏荧光灯管从灯座中轻轻取出，再将新的荧光灯管两端轻轻插入荧光灯座中对应位置。

4）通电。打开荧光灯开关，检验荧光灯的安装情况。若荧光灯没亮，则应仔细检查荧光灯与灯座的接触情况、启动器与启动器座的接触情况，适当调整至荧光灯管成功点亮。

4. 整理器材

实训完成后，整理好所用器材、工具，按照要求放置到规定位置。

1.3.2 脱电演练

任务内容：触电事故中的脱电演练。

1. 编制器材明细表

该实训任务所需器材见表1-2。

表1-2 脱电演练器材明细表

序号	名称	规格	数量	备注
1	电器		1个	不带电
2	模拟触电假人		1个	
3	电工钳		1把	带绝缘柄
4	斧头		1把	带干燥木柄
5	木棒		1根	一定是干燥的
6	梯子		1个	
7	电线		若干	
8	木板		若干	
9	裸金属线		若干	
10	绝缘手套		1副	
11	绝缘胶鞋或绝缘靴		1双	

2. 演练过程

（1）低压触电脱电演练过程

1）模拟触电。

用模拟触电假人模拟触电者在使用低压电器过程中突然触电，触电后倒在电器附近。

2）判断并选择脱电方式。

不同的触电情况应采取不同的脱电方式，如表1-3所示。

表1-3 不同的触电情况所对应的脱电方式

序号	触电情况	脱电方式
1	触电地点附近有电源开关	拉：可立即拉开开关，断开电源
2	触电地点附近没有电源开关	切：用有绝缘柄的电工钳或有干燥木柄的斧头砍断电线，断开电源
3	电线搭落在触电者身上或被压在身下	挑：用干燥的衣服、手套、绳索、木板、木棒等绝缘物作为工具，拉开触电者或挑开电线，使触电者脱离电源
4	触电者的衣服是干燥的，又没有紧缠在身上	拽：可以用一只手抓住他的衣服，拉离电源。但因触电者的身体是带电的，其鞋的绝缘也可能遭到破坏，救护人不得接触触电者的皮肤，也不能抓他的鞋
5	干燥木板等绝缘物能迅速插入到触电者身下	垫：用干木板等绝缘物插入触电者身下，以隔断电源

(2) 高压触电脱电演练过程

1) 模拟触电。

模拟触电者爬上梯子，模拟实施高压电操作，在操作中发生触电现象，倒在梯子上，身上覆盖有高压电线。

2) 脱电操作过程。

① 立刻通知有关部门进行断电操作。

② 迅速戴上绝缘手套，穿上绝缘靴，用相应电压等级的绝缘工具拉开开关。

③ 用单手抛掷裸金属线使线路短路接地，迫使保护装置动作，断开电源。

注意：抛掷裸金属线前，先将裸金属线的一端可靠接地，然后抛掷另一端；抛掷的一端不可触及触电者和其他人。

④ 在成功使触电者脱电后要迅速保护触电者，防止他从高处摔伤。

3. 整理器材

实训完成后，整理好所用器材、工具，按照要求放置到规定位置。

1.3.3 触电急救演练

任务内容：对触电脱电后的触电者进行触电急救演练。

1. 编制器材明细表

仿真人一个。

2. 演练过程

1) 判断触电者的触电情况，选择急救方法。不同的触电者情况所对应的急救方法见表1-4。

表1-4　不同的触电者情况所对应的急救方法

序号	触电者情况	急救方法
1	呼吸停止	通畅气道、口对口（鼻）人工呼吸
2	呼吸心跳均停止	心肺复苏法：通畅气道、口对口（鼻）人工呼吸、胸外按压（人工循环）

2) 对触电者进行心肺复苏操作演练。

① 通畅气道演练1次。

② 人工呼吸演练5次。

③ 胸外按压演练5次。

④ 抢救过程中再判定演练2次。

3. 整理器材

实训完成后，整理好所用器材、工具，按照要求放置到规定位置。

1.4 考核要点

1. 更换室内荧光灯管考核

检查是否按照要求正确更换荧光灯管，是否时刻注意遵守安全规定，荧光灯管是否正确点亮。

2. 脱电演练

检查学生在脱电演练中是否按照正确的方法进行，有没有出现错误的脱电方式。

3. 触电急救演练

检查学生在触电急救演练中是否按照正确的姿势和方法进行，急救中再判断是否合理。

4. 成绩评定

根据以上考核要点对学生进行成绩评定，参见表1-5，给出该项目实训成绩。

表1-5　实训成绩评定表

实训项目内容	分值/分	考核要点及评分标准	扣分	得分
更换室内荧光灯管	30	未按要求更换荧光灯管，每处扣5分		
		荧光灯不能正确点亮，扣15分		
脱电演练	30	未按正确的方法进行脱电演练，每处扣5分		
		脱电方式选择错误，每错一次扣5分		
触电急救演练	30	触电急救姿势不对，每处扣5分		
		触电急救方法不对，每处扣5分		
		触电急救再判定不对，每次扣5分		
安全、规范操作	5	每违规一次扣2分		
整理器材、工具	5	未将器材、工具等放到规定位置，扣5分		
学　时	4学时	综合成绩		

1.5　能力拓展

组织学生讨论所居住场所如何安全用电、触电急救方法与消防安全。

任务目标：讨论居住场所安全用电注意事项、触电急救方法以及消防安全注意事项等。

1.6　相关知识点

1.6.1　维修电工应具备的条件

1）必须身体健康，经医生鉴定无妨碍工作的疾病。凡患有较严重高血压、心脏病、气管喘息等疾病，患神经系统疾病，色盲、听力和嗅觉障碍，以及四肢功能有严重障碍者，不能从事维修电工工作。

2）必须懂得触电急救方法、人工呼吸法和电气防火及救火等安全知识。

3）必须通过相关的职能部门组织的知识、技能考试，合格后获得“维修电工操作证”。

1.6.2　维修电工的主要任务

1）照明线路和照明装置的安装；动力线路和各类电动机的安装；各种生产机构电气线路的安装。

2）各种电气线路、电气设备、各类电动机的日常保养、检查与维修。

3）根据设备的管理要求，针对设备的重复故障部位，进行必要的改进。

4）安装、调试和维修与生产过程自动化控制有关的电子电气设备。

1.6.3　维修电工人身安全常识

1）在进行电气设备安装和维修操作时，现场至少应有两名经过电气安全培训并考试合格的维修电工人员，必须严格遵守各种安全操作规程和规定，不得玩忽职守。

2）操作时要严格遵守停电操作的规定，要切实做好防止突然送电的各项安全措施。如挂上“有人工作，不许合闸!”的警示牌，锁上配电箱或取下总电源熔断器等。

3）在邻近带电部分操作时，要保证有可靠的安全距离。

4）操作前应仔细检查操作工具的绝缘性能，如绝缘胶鞋、绝缘手套等安全用具的绝缘性能是否良好，有问题的应立即更换，并要定期进行检查。

5）登高工具必须安全可靠，未经登高训练的，不准进行登高作业。

6）如发现有人触电，要立即采取正确的脱电措施。

1.6.4　设备运行安全常识

1）设备运行应以安全为主，全面执行“安全、可靠、经济、合理”的八字方针。

2）进行各项电气工作时，要认真严格执行“装得安全、拆得彻底、检查经常、修得及时”的规定。对于已出现故障的电气设备、装置及线路，不得继续使用，以免事故扩大，必须及时进行检修。

3）必须严格按照设备操作规程进行操作。如接通电源时，必须先闭合隔离开关，再闭合负荷开关；断开电源时，应先切断负荷开关，再切断隔离开关。

4）当需要切断故障区域电源时，要尽量缩小停电范围。有分路开关的，要尽量切断故障区域的分路开关，避免越级切断电源。

5）电气设备要有防止雨雪、水气侵袭的措施。电气设备在运行时会发热，因此，必须有良好的通风条件，有的还要有防火措施。有裸露带电的设备，特别是高压电气设备，要有防止小动物进入造成短路事故的措施。

6）所有电气设备的金属外壳，都应有可靠的保护接地措施。凡有可能被雷击的电气设备，都要安装防雷设施。

1.6.5　安全用电和消防常识

安全用电是指在使用电气设备的过程中如何防止电气事故及保证人身和设备的安全。电气事故按形成的原因可分为人为事故和自然事故。所谓人为事故，是指因违反安全操作规则而引起的人身伤亡或设备损坏；自然事故是指非人为原因而引起的事故，比如设备绝缘老化引起漏电，甚至导致火灾，静电火花引起爆炸，以及雷击产生的破坏等。

1. 安全用电常识

1）严禁用一线一地安装用电器具。

2）在一个电源插座上不允许接过多或功率过大的用电器具和设备。

3）未掌握有关电气设备和电气线路知识的人员，不可安装和拆卸电气设备及线路。

4）严禁用金属丝去绑扎电源线。

5）不可用潮湿的手和湿布接触带电的开关、插座及具有金属外壳的电气设备。

6）堆放物资、安装其他设备或搬移各种物体时，必须与带电设备或带电导体相隔一定的安全距离。

7）严禁在电动机和各种电气设备上放置衣物，不可在电动机上坐立，不可将雨具等物品挂在电动机或电气设备的上方。

8）在搬移电焊机、鼓风机、电风扇、洗衣机、电视机、电炉和电钻等可移动电器时，要先切断电源，不可拖拉电源线来移动电器。

9）在潮湿的环境中使用可移动电器时，必须采用额定电压36V及以下的低压电器。若采用额定电压为220V的电气设备时，必须使用隔离变压器。在金属容器及管道内使用移动电器时，应使用12V的低压电器，并要加接临时开关，还要有专人在该容器外监视。低电压的移动电器应装特殊型号的插头，以防误插入220V或380V的插座内。

10）在雷雨天气，不可走近高压电杆、铁塔和避雷针的接地导线周围，以防雷电伤人。切勿走近断落在地面上的高压电线，万一进入跨步电压危险区时，要立即单脚或双脚并拢迅速跳到离开接地点10m以外的区域，切不可奔跑，以防跨步电压伤人。

2. 消防知识

1）电气设备发生火灾时，着火的电器、线路可能带电，为防止火情蔓延和灭火时发生触电事故，应立即切断电源。

2）因生产不能停电或因其他需要不允许断电，必须带电灭火时，必须选择不导电的灭火剂，如二氧化碳灭火器、二氟二溴甲烷灭火器等进行灭火。灭火时，救火人员必须穿绝缘胶鞋，戴绝缘手套。若变压器、油开关等电器着火后，会有喷油和爆炸的可能，必须在切断电源后灭火。

3）用不导电灭火剂灭火时要求：10kV电压，喷嘴至带电体的最短距离不应小于0.4m；35kV电压，喷嘴至带电体的最短距离不应小于0.6m。

1.6.6 触电急救知识

1. 电流对人体的伤害

电流对人体伤害的程度与电流通过人体的大小、持续的时间、流经的途径以及电流的种类等多种因素有关。

（1）伤害程度与电流大小的关系　通过人体的电流愈大，人体的生理反应愈明显，伤害愈严重。对于工频交流电，按通过人体电流强度的不同以及人体呈现的反应不同，将作用于人体的电流划分为以下三级。

1）感知电流和感知阈值。感知电流是指电流流过人体时可引起感觉的最小电流，感知电流的最小值称为感知阈值。对于不同的人，感知电流及感知阈值是不同的。成年男性平均感知电流约为1.1mA（有效值，下同）；成年女性约为0.7mA。对于正常人体，感知阈值平均为0.5mA，它与时间因素无关。感知电流一般不会对人体造成伤害，但可能因不自主反应而导致由高处跌落等二次事故。

2）摆脱电流和摆脱阈值。摆脱电流是指人在触电后能够自行摆脱带电体的最大电流，摆脱电流的最小值称为摆脱阈值。通常认为摆脱电流为安全电流。成年男性平均摆脱电流约为16mA，成年女性约为10.5mA；成年男性摆脱阈值约为9mA，成年女性约为6mA；儿童的摆脱电流较成人要小。对于正常人体，摆脱阈值平均为10mA，与持续时间无关。

3）室颤电流和室颤阈值。室颤电流是指引起心室颤动的最小电流，其最小电流即室颤阈值。由于心室颤动极有可能导致死亡，因此，可以认为，室颤电流即致命电流。室颤电流与电流持续时间关系密切，当电流持续时间超过心脏周期时，室颤电流仅为50mA左右；当电流持续时间短于心脏周期时，室颤电流为数百毫安。

（2）伤害程度与电流持续时间的关系 通过人体电流的持续时间愈长，愈容易引起心室颤动，危险性就愈大。

（3）伤害程度与电流途径的关系 电流通过心脏会引起心室颤动，电流较大时会使心脏停止跳动，从而导致血液循环中断而死亡；电流通过中枢神经或有关部位，会引起中枢神经严重失调而导致死亡；电流通过头部会使人昏迷，或对脑组织产生严重损坏而导致死亡；电流通过脊髓，会使人瘫痪等。上述伤害中，以心脏伤害的危险性为最大。

（4）伤害程度与电流种类的关系 工频50Hz电流对人体的伤害程度最大，100Hz以上交流电流、直流电流、特殊波形电流也都对人体具有伤害作用。

2. 触电事故的类型

（1）电击 电击是电流对人体内部组织造成的伤害，是最危险的一种伤害。按照人体触及带电体的方式和电流通过人体的途径，电击触电可分为三种情况。

1）单相触电。指人体接触到地面或其他接地导体的同时，人体另一部位触及某一相带电体所引起的电击。发生电击时，若所触及的带电体为正常运行的带电体，则这种电击称为直接接触电击；当电气设备发生事故时，例如在绝缘损坏、造成设备外壳意外带电的情况下，人体触及意外带电体所发生的电击称为间接接触电击。对于高电压，人体虽然没有触及，但因超过了安全距离，高电压对人体产生电弧放电，也属于单相触电。

2）两相触电。指人体的两个部位同时触及两相带电体所引起的电击。此时，人体所承受的电压为三相系统中的线电压。因电压相对较大，其危险性也较大。

3）跨步电压触电。当电网或电气设备发生接地故障时，流入地中的电流在土壤中形成电位，地表面也形成以接地点为圆心的径向电位差分布。如果人行走时前后两脚间（一般按0.8m计算）电位差达到危险电压而造成的触电，称为跨步电压触电。

（2）电伤 电伤是电流转变成其他形式的能量造成的人体伤害，包括电能转化成热能造成的电弧烧伤、电烧伤，电能转化成化学能或机械能造成的电标志、皮肤金属化及机械损伤、电光眼等。

1）电弧烧伤。电弧烧伤是当电气设备的电压较高时产生的强烈电弧或电火花，会烧伤人体，甚至击穿人体的某一部位，而使电弧电流直接通过内部组织或器官，造成深部组织烧死，一些部位或四肢烧焦。电弧烧伤一般不会引起心脏纤维性颤动，而更为常见的是人体由于呼吸麻痹或人体表面的大范围烧伤而死亡。

2）电烧伤。电烧伤又叫电流灼伤，是人体与带电体直接接触，电流通过人体时产生的热效应的结果。在人体与带电体的接触处，接触面积一般较小，电流密度可达很大数值，又因皮肤电阻较体内组织电阻大许多倍，故在接触处产生很大的热量，致使皮肤灼伤。只有在大电流通过人体时才可能使内部组织受到损伤，但高频电流造成的接触灼烧可使内部组织严重损伤，而皮肤却仅有轻度损伤。

3）电标志。电标志也称电流痕记或电印记。它是由于电流流过人体时，在皮肤上留下的青色或浅黄色斑痕，常以搔伤、小伤口、疣、皮下出血、茧和点刺花纹等形式出现，其形状多为圆形或椭圆形，有时与所触及的带电体形状相似。受雷电击伤的电标志图形颇似闪电状。

4）皮肤金属化。皮肤金属化常发生在带负荷拉断路开关或刀开关所形成的弧光短路的情况下。此时，被熔化了的金属微粒四处飞溅，如果撞击到人体裸露部分，则渗入皮肤上层，形成表面粗糙的灼伤。经过一段时间后，损伤的皮肤完全脱落。若在形成皮肤金属化的同时伴有电弧烧伤，情况就会严重些。

5）机械损伤。机械损伤是指电流通过人体时产生的机械－电动力效应，使肌肉发生不由自主地剧烈抽搐性收缩，致使肌腱、皮肤、血管及神经组织断裂，甚至使关节脱位或骨折。

（3）电光眼　电光眼是指眼球外膜（角膜或结膜）因受紫外线或红外线照射发炎。一般4～8h后发作，眼睑皮肤红肿，结膜发炎，严重时角膜透明度受到破坏，瞳孔收缩。

3. 触电事故的规律

触电事故往往发生得很突然，而且会在极短的时间内造成极为严重的后果，但不应认为触电事故是不能防止的。为了防止触电事故，应当研究触电事故的规律，以便制定有效的安全措施。根据对触电事故的分析，从触电事故发生率上看可以找到如下规律：六至九月触电事故多；低压设备触电事故多；携带式设备和移动式设备触电事故多；电气连接部位触电事故多；农村触电事故多；冶金、矿业、建筑、机械行业触电事故多；违反操作规程或误操作触电事故多；伪劣电器触电事故多。

4. 急救方法

（1）畅通气道　触电者口中有异物时，将触电者身体及头部同时侧转，迅速用一个手指或用两手指交叉从口角处插入，取出异物，防止将异物推向深处。

采用仰头抬颌法时，用一只手放在触电者前额，另一只手的手指将其下颌骨向上抬起，两手协同将头部推向后仰，舌根随之抬起，气道即可通畅，如图1－1a所示。严禁用枕头或其他物品垫在伤员头下，头部抬高前倾，会更加重气道阻塞，且使胸外按压时流向脑部的血流减少，甚至消失。

（2）人工呼吸　在保证伤员气道通畅的同时，救护人员用放在伤员前额上的手指捏住伤员鼻翼，救护人员深吸气后，与伤员口对口紧合，在不漏气的情况下，先连续大口吹气两次，如图1-1b、c所示，每次1～1.5s。如果两次吹气后试测颈动脉仍无搏动，可判定心跳已经停止，要立即同时进行胸外按压。

除开始时大口吹气两次外，正常口对口（鼻）呼吸的吹气量不需过大，以免引起胃膨胀，吹气和放松时要注意伤员胸部应有起伏的呼吸动作。吹气时如有较大阻力，可能是头部后仰不够，应及时纠正。

触电伤员如牙关紧闭，可进行口对鼻人工呼吸。口对鼻人工呼吸吹气时，要使伤员嘴唇紧闭，防止漏气。

（3）胸外心脏按压　首先确定正确按压位置（图1-2a）。将右手食指和中指沿伤员的右侧肋弓下缘，找到肋骨和胸骨结合处的中点，用两手指并齐，中指放在剑突处，食指放在胸骨下部，另一只手用掌根紧挨食指上部，放于胸骨上，如图1-2b所示。

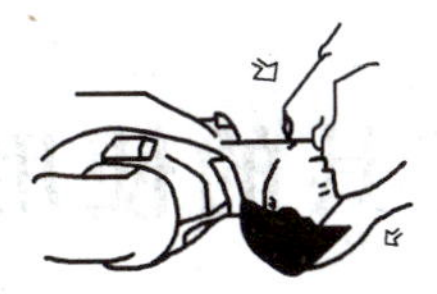
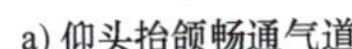
a) 仰头抬颔畅通气道

b) 口对口吹气

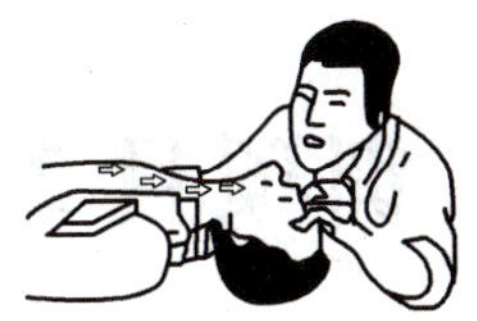
c) 自动呼气

图 1-1 口对口人工呼吸法示意图

按压时注意，伤者应仰面躺在平硬的地方，救援人员或立或跪在伤员的一侧肩旁，在伤员的胸骨正上方，救援人员双臂伸直，双手掌根相叠，手指翘起，以髋关节为支点用上身的重量垂直将胸骨压陷 3 ~5cm 后立即全部放松。然后采用正确的按压姿势对伤者进行按压。

操作频率：胸外按压要以均匀速度进行，每分钟 80 次左右，每次按压（如图 1-2c）和放松（如图 1-2d）的时间相等。胸外按压与口对口（鼻）人工呼吸同时进行，其节奏为：单人抢救时，每按压 15 次后吹气 2 次（15:2），反复进行；双人抢救时，每按压 5 次后由另一人吹气 1 次（5:1），反复进行。

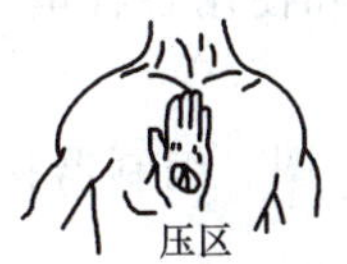

a) 找到正确位置

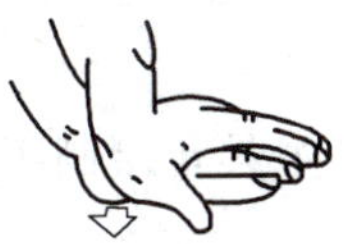
b) 双手的正确姿势

c) 用力按下，伤者呼气

d) 双手放开，伤者吸气

图 1-2 胸外心脏挤压法示意图

（4）抢救过程中的再判定 按压吹气 1min 后（相当于单人抢救时做了 4 个 15：2 压吹循环），应用看、听、试方法在 5 ~7s 内完成对伤员呼吸和心跳是否恢复的再判定。若判定颈动脉已有搏动但无呼吸，则暂停胸外按压，再进行 2 次口对口人工呼吸，接着每 5s 吹气一次（即每分钟 12 次）；如脉搏和呼吸均未恢复，则继续坚持心肺复苏法抢救。在抢救过程中，要每隔数分钟再判定一次，每次判定时间均不得超过 5 ~7s。在医务人员来接替抢救前，现场抢救人员不得放弃抢救。

实训项目 2　常用电工工具的使用与导线连接

2.1　学习要点

1）掌握常用电工工具的使用方法。

2）掌握各种导线的规范连接方法。

2.2　任务描述

1）通过导线的加长连接和 T 形连接操作实训，让学生具备识别和使用各种电工工具以及对导线进行连接的技能。

2）通过安装室内白炽灯和插座的实训，让学生具备绘制工程原理图、编制器材明细表、绘制工程布局布线图和现场安装的技能。

2.3　任务实施

2.3.1　导线的连接

任务内容：导线的加长连接和 T 形连接操作。

1. 编制器材明细表

该实训任务所需器材见表 2-1。

表 2-1　导线连接所需器材明细表

序号	名　称	规　格	数　量	备　注
1	铝芯线	1.5mm	若干	
2	铜芯线	1.5mm	若干	
3	铜多芯线	2mm	若干	
4	电工胶布		若干	

2. 实施步骤

1）反复练习单芯导线的加长连接和 T 形连接，并进行绝缘处理。

2）反复练习多芯导线的加长连接和 T 形连接，并进行绝缘处理。

3. 检查

连接点的接触良好、强度足够大，绝缘符合要求。

4. 整理器材

实训结束后，整理好本次实训所用的器材、工具，按照要求放置到规定位置。

2.3.2　室内白炽灯和插座的安装

任务内容：室内白炽灯和插座的安装。

1. 绘制工程电路原理图

电路原理图是电器电路工程的重要图样，是电器电路工程设计的成果，是工程施工和检修的理论依据，正确绘制和识读分析电路原理图是维修电工必备的能力。绘制电路原理图时，各器件要用国家标准规定的图形和标准符号。

根据室内照明需求确定白炽灯的盏数和功率，根据取电用途确定插座的个数和规格，绘出电路原理图，如图2-1所示。

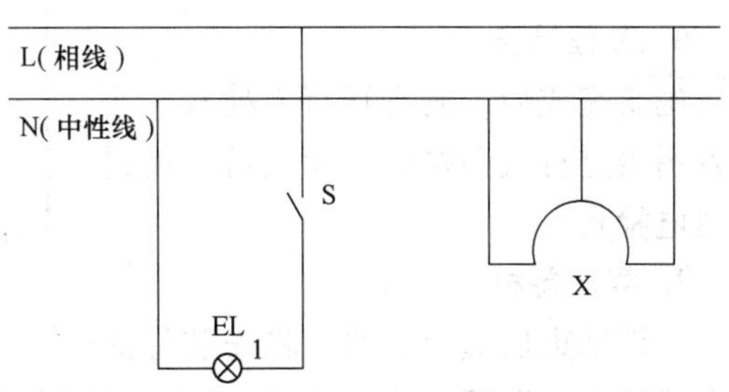

图2-1　室内白炽灯和插座的安装电路原理图

2. 编制器材明细表

器材明细表是根据电路原理图依照工程要求对电器电路工程中使用的器件、材料选用进行规定的又一个施工文件，其内容包含序号、名称、型号、规格、数量，甚至还包含单价、总价，以用于工程预决算。其中，型号取决于工程要求和市场价格，规格取决于承载要求。器材明细表绘制也是维修电工的必备能力之一。

该实训任务所需器材见表2-2。

表2-2　室内白炽灯和插座安装所需器材明细表

序号	名　称	规　格	数　量	备　注
1	铝芯线	1.5mm	若干	总电流＝（0.12＋2）A＝2.12A
2	拉线开关	1A	1个	灯电流＝0.12A
3	白炽灯与灯座	25W 标准卡口 1A	1套	
4	三孔插座	2A	1个	普通用电，选用2A
5	开关绝缘座		1个	
6	灯绝缘座		1个	
7	插座绝缘座		1个	
8	塑料槽板		若干	

3. 绘制工程布局布线图

工程布局布线图是用于表示各个器件布置安装在控制板上的具体位置和要求如何布线的图样文件，是三个重要的维修电工工程文件之一。该图包含器件布局和导线布局两方面的内容，因此是安装和检修时查找核对器件和线路的重要资料。

根据场地和使用需要绘制工程布局布线图，如图2-2所示。

4. 安装前检查

检查拉线开关、白炽灯、灯座、插座等器件的质量，有质量问题的要更换。

5. 安装

按照图2-2的布局布线图固定各个器件并进行布线。

布线施工时注意： 导线接线头必须接、压牢固，保证接触良好和干燥，绝缘要有保障，接线头要置于便于维修处。

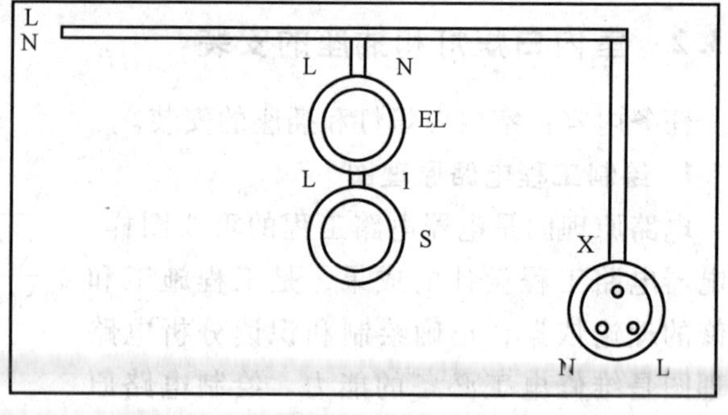

图 2-2　室内白炽灯和插座的布局布线图

6. 工程检查

施工完成后，先进行直观检查，再用万用表进行线路检查，无误后才能进行通电检查。

7. 整理器材

实训结束后关闭电源，将安装好的各个器件小心取下，分类放好，整理好本次实训所用的器材、工具、仪器、仪表，按照要求放置到规定位置。

2.4　考核要点

1）能否正确使用各种通用电工工具，能否规范连接各种导线。

2）能否绘制电路原理图、布局布线图，编制器材明细表。

3）能否正确安装白炽灯和插座，白炽灯能否点亮，插座能否通电。

4）成绩评定。

根据以上考核要点对学生进行成绩评定，参见表 2-3，给出该项目实训成绩。

表 2-3　实训成绩评定表

实训项目内容	分值/分	考核要点及评分标准	扣分/分	得分/分
导线的连接	30	未按要求正确使用工具，每处扣 5 分		
		导线连接不规范，每次扣 5 分		
室内白炽灯和插座的安装	60	不能正确绘制电路原理图，每错一处扣 5 分		
		不能正确绘制布局布线图，每错一处扣 5 分		
		插座安装方法不对，每处扣 5 分		
		白炽灯安装方法不对，每处扣 5 分		
		白炽灯不能正确点亮，扣 15 分		
安全、规范操作	5	每违规一次，扣 2 分		
整理器材、工具	5	未将器材、工具等放到规定位置，扣 5 分		
学时	4 学时	综合成绩		

2.5　能力拓展

家庭用电电路的安装。

任务目标：思考多房间家庭用电电路的安装工程，确定各种器件和材料的品种、规格，列出器材明细表。

2.6　相关知识点

2.6.1　常用电工工具的使用

1. 验电笔

验电笔又称低压验电器，是检验导线、电器是否带电的一种常用工具，检测范围为50～500V，有钢笔式、螺钉旋具式和组合式等多种形式。

（1）验电笔的结构　验电笔由笔尖、降压电阻、氖管、弹簧和笔尾金属体等部分组成，如图2-3所示。

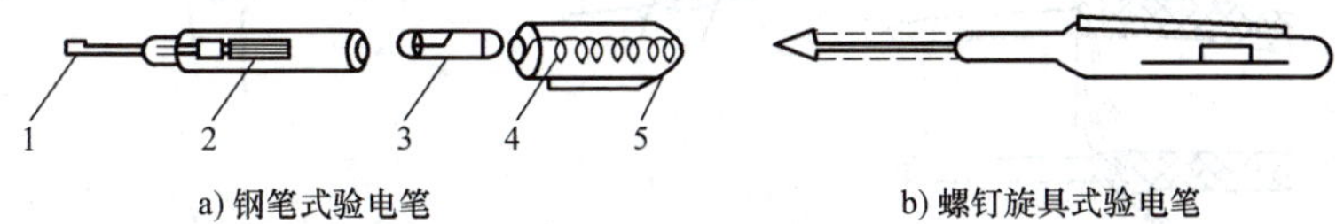

图2-3　验电笔的结构

1—笔尖　2—降压电阻　3—氖管　4—弹簧　5—笔尾金属体

（2）握笔方法　使用验电笔时，必须按照图2-4的正确握法进行操作。

手指必须接触笔尾的金属体（如图2-4a所示的钢笔式握法）或验电笔顶部的金属螺钉（如图2-4b所示的螺钉旋具式握法）。这样，只要带电体与大地之间的电位差超过50V，验电笔中的氖管就会发光。

（3）使用方法

1）使用前，先要在有电的导体上检查验电笔是否正常发光，检验其可靠性。

2）在明亮的光线下往往不容易看清氖管的辉光，应注意避光观察。

3）验电笔的笔尖虽与螺钉旋具形状相同，但它只能承受很小的扭矩，因此不能像螺钉旋具那样使用，否则会损坏。

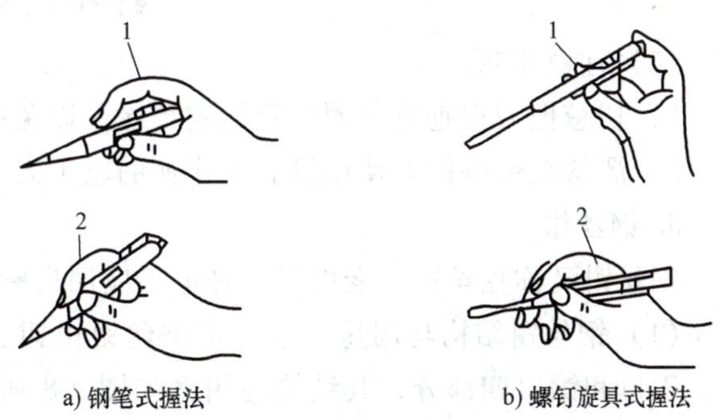

图2-4　验电笔的使用方法

1—正确握法　2—错误握法

4）验电笔可以用来区分相线和零线，使氖管发亮的是相线，不亮的是零线。验电笔也可用来判别接地故障。

5）验电笔可用来判断电压的高低。氖管越暗，则表明电压越低；氖管越亮，则表明电压越高。

2. 电工刀

（1）电工刀的使用　电工刀是剥削和切割电工材料的常用工具，电工刀的刀口磨制成单面呈圆弧形状的刃口，刀刃部分锋利一些。在剥削电线绝缘层时，可把刀略微向内倾斜，用刀刃的圆角抵住线芯，刀口向外推出。这样既不易削伤线芯，又可防止操作者受伤。电工刀的使用如图 2-5、图 2-6 和图 2-7 所示。

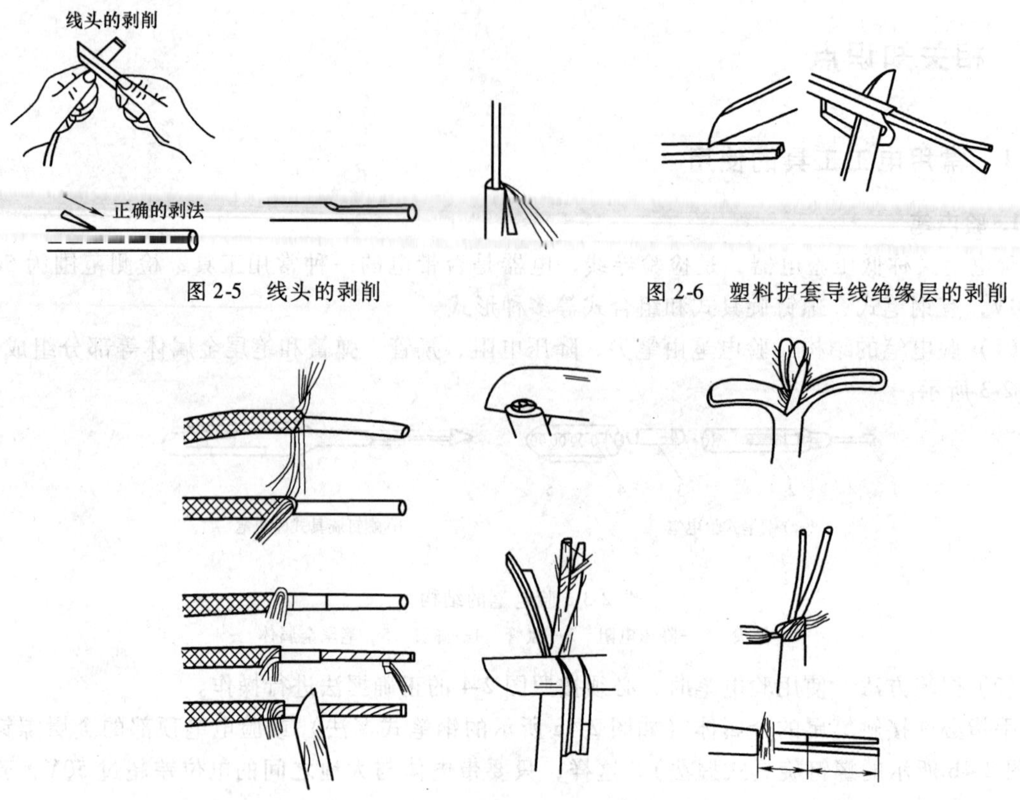

图 2-5　线头的剥削　　图 2-6　塑料护套导线绝缘层的剥削

图 2-7　橡套软线绝缘层的剥削

（2）注意事项

1）切忌把刀刃垂直对着导线切割绝缘，以免削伤线芯。

2）严禁在带电体上使用没有绝缘柄的电工刀进行操作，以防触电。

3. 钢丝钳

钢丝钳又称克丝钳、老虎钳，是电工应用最频繁的工具。

（1）钢丝钳结构与用途　电工用钢丝钳由钳头和钳柄两部分组成。钳头包括钳口、齿口、刀口和铡口四部分，其结构与用途如图 2-8 所示。其中，钳口可用来钳夹和弯绞导线，齿口可代替扳手来拧小型螺母，刀口可用来剪切电线、掀拔铁钉，铡口可用来铡切钢丝等硬金属丝。

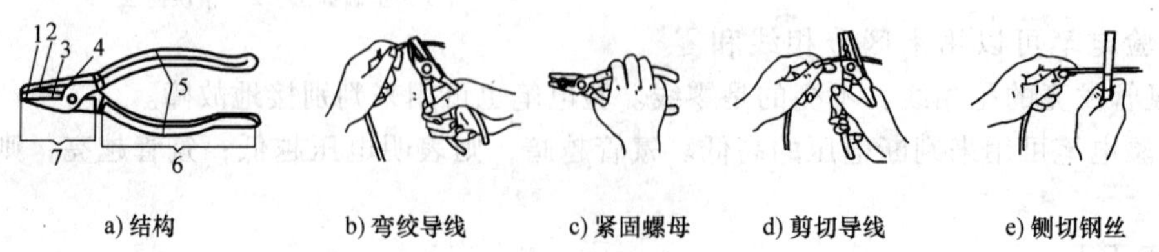

a) 结构　b) 弯绞导线　c) 紧固螺母　d) 剪切导线　e) 铡切钢丝

图 2-8　钢丝钳结构与用途

1—钳口　2—齿口　3—刀口　4—铡口　5—绝缘管　6—钳柄　7—钳头

（2）注意事项

1）使用前，必须检查其绝缘柄，确定绝缘状况良好，否则不得带电操作，以免发生触电事故。

2）用钢丝钳剪切带电导线时，必须单根进行，不得用刀口同时剪切相线和零线或者两根相线，以免造成短路事故。

3）使用钢丝钳时要刀口朝向内侧，以便于控制剪切部位。

4）不能用钳头代替锤子作为敲打工具，以免变形。钳头的轴销应经常加机油润滑，保证其开闭灵活。

4. 尖嘴钳

（1）尖嘴钳的使用　尖嘴钳的头部尖细，适用于在狭小的空间操作，常用于精细布线和元器件引线成形，如图2-9所示。尖嘴钳一般都带有塑料套柄，使用方便，且能绝缘，其耐压等级为500V。

（2）注意事项

1）为确保使用者的人身安全，严禁使用塑料套破损、开裂的尖嘴钳带电操作。

2）不允许用尖嘴钳装拆螺母、敲击它物。

3）不宜在80℃以上的环境中使用尖嘴钳，以防止塑料套柄熔化或老化。

4）为防止尖嘴钳端头断裂，不宜用它夹持较硬、较粗的金属导线及其他硬物。

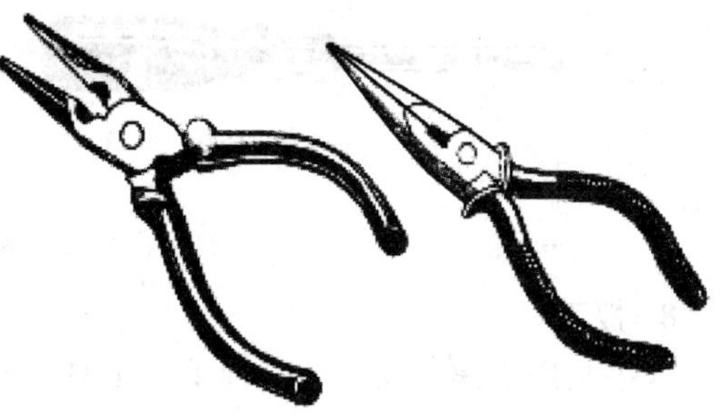

图2-9　尖嘴钳

5）尖嘴钳的头部是经过淬火处理的，不要在锡锅或高温的地方使用，以保持钳头部分的硬度。

5. 偏口钳

偏口钳又称斜口钳，如图2-10所示。它主要用于剪切导线，尤其适合用来剪除缠绕元器件后多余的引线。剪线时，要使钳头朝下，在不变动方向时可用另一只手遮挡，防止剪下的线头飞出伤眼。

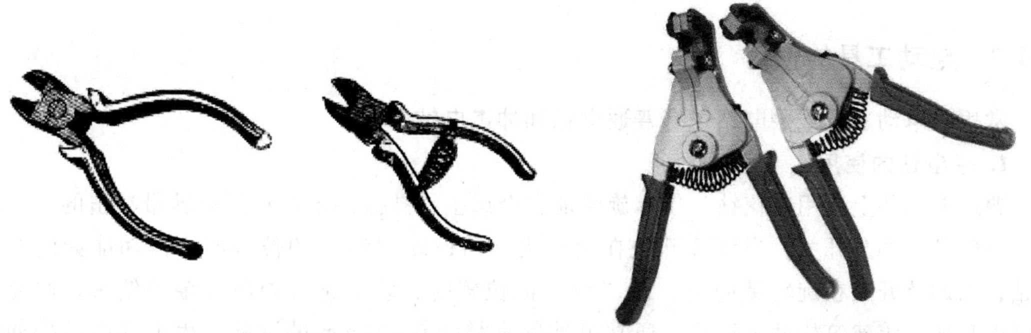

图2-10　偏口钳　　　　图2-11　剥线钳

6. 剥线钳

剥线钳用来剥削直径为3mm及以下绝缘导线的塑料或橡胶绝缘层，其形状如图2-11所示。它由钳口和手柄两部分组成。剥线钳钳口分有 0.5 ~ 3mm 的多个直径切口，可用于不同规格线芯的剥削。使用时应使切口与被剥削导线芯线直径相匹配，切口过大难以剥离绝缘层，切口过小会切断芯线。剥线钳手柄上装有绝缘套。

7. 螺钉旋具

紧固工具用于紧固和拆卸螺钉和螺母，包括螺钉旋具和各类扳手等。螺钉旋具旧称螺丝刀、改锥或起子，常用的有一字形、十字形两类，并有自动、电动、风动等形式。

（1）一字形螺钉旋具　这种旋具用来旋转一字槽螺钉，如图 2-12a 所示。选用时，应使旋具头部的长短和宽窄与螺钉槽相适应。若旋具头部宽度超过螺钉槽的长度，在旋紧螺钉时容易损坏安装件的表面；若头部宽度过小，则不但不能将螺钉旋紧，还容易损坏螺钉槽。

（2）十字形螺钉旋具　这种旋具适用于旋转十字槽螺钉，如图 2-12b 所示。选用时应使旋杆头部与螺钉槽相吻合，否则易损坏螺钉槽。

使用一字形和十字形螺钉旋具时，用力要平稳，压和拧要同时进行。

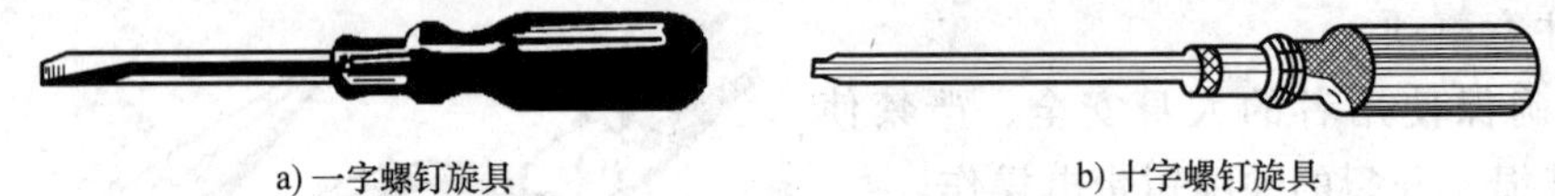

a) 一字螺钉旋具　　b) 十字螺钉旋具

图 2-12　螺钉旋具的结构

8. 扳手

扳手是用于螺纹联接的一种手动工具，其种类和规格很多。常用的有活扳手、电动扭剪扳手和两面扳手等，如图 2-13 所示。

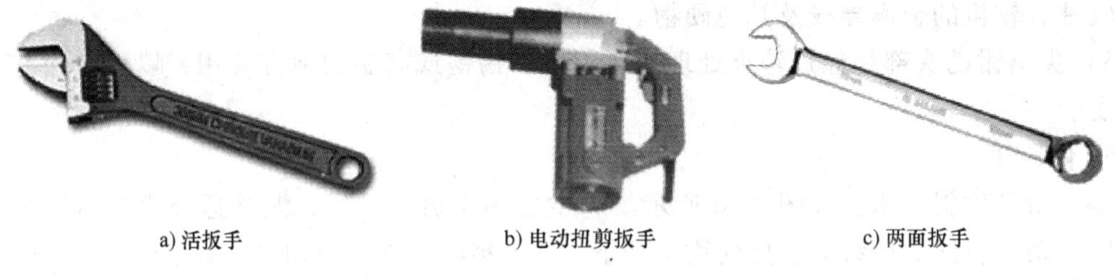

a) 活扳手　　b) 电动扭剪扳手　　c) 两面扳手

图 2-13　常用扳手

2.6.2　电动工具的使用

常用的电动工具是手电钻，有普通电钻和冲击电钻两种。

1. 手电钻的使用

普通电钻装上通用麻花钻，仅靠旋转能在金属上钻孔。冲击电钻用旋转带冲击的工作方式，一般带有调节开关。当调节开关在旋转无冲击，即“钻”的位置时，其功能如同普通电钻；当调节开关在旋转带冲击，即“锤”的位置时，装上镶有硬质合金的钻头，便能在混凝土和砖墙等建筑构件上钻孔，通常可冲制直径为 6 ~ 16mm 的圆孔。手电钻的结构如图 2-14 所示。

2. 注意事项

1）长期搁置不用的冲击钻，使用前必须用 500V 兆欧表测定对地绝缘电阻，其值应不

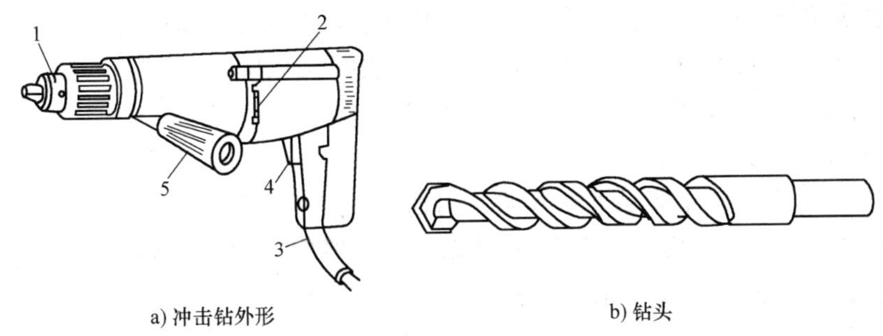

a) 冲击钻外形　　b) 钻头

图 2-14　手电钻的结构

1—钻头表　2—锤、钻调节开关　3—电源引线　4—电源开关　5—手柄

小于 0.5MΩ。

2）使用有金属外壳的手电钻时，必须戴绝缘手套、穿绝缘胶鞋或站在绝缘板上，以确保操作人员的人身安全。

3）在钻孔时遇到坚硬物体不能加过大压力，以防钻头退火或手电钻因过载而损坏。手电钻因故突然堵转时，应立即切断电源。

4）在钻孔过程中应经常把钻头从钻孔中抽出，以便排除钻屑。

2.6.3　导线的连接

导线连接是维修电工必须掌握的一项重要的基本功，也是线路安装及维修过程中经常用到的操作技能。

1. 导线的选择

导线又叫电线，常用的导线可分为裸导线和绝缘导线两类。

（1）裸导线　没有绝缘包皮的导线叫裸导线。裸导线分为单股线和多股绞合线两种，主要用于室外架空线路。

（2）绝缘导线　具有绝缘包皮的电线称为绝缘导线。绝缘导线按其芯线材料分为铜芯和铝芯两种；按线芯股数分为单股和多股两种。用塑料作为绝缘包皮的导线，安全载流量由导线所负载的电流大小决定，选择时应查导线安全载流量，并要留有一定的余量，以保证线路安全。

2. 导线的剥削

导线连接前，要根据具体的连接方法及导线线径将导线的绝缘层进行剥除。常用的工具是电工刀和剥线钳，其中电工刀常用于剥削较大线径的导线及导线外层护套，剥线钳常用于剥削较小线径的导线。具体操作方法如图 2-15 所示。

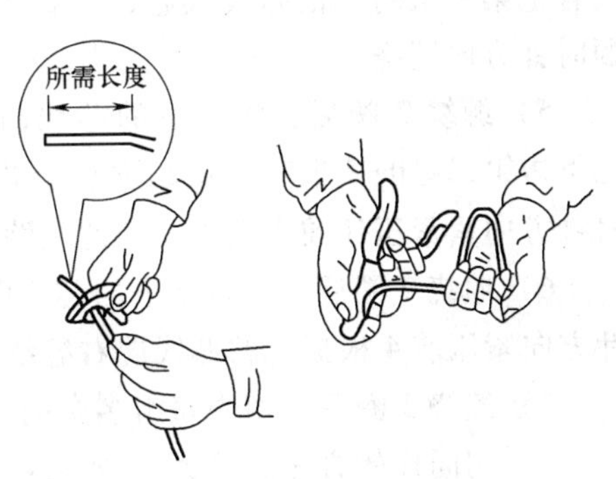

图 2-15　导线的剥削

3. 导线的连接方法

导线的种类很多，连接时应根据导线的材料、规格、种类等采用不同的连接方法。正确的导线连接方法，既可以加强线路运行的可靠性又可以降低故障的发生率。

(1) 单股铜芯导线的直接连接　如图 2-16 所示，其操作步骤是：

1) 绝缘层剥削长度为导线直径的 70 倍左右，去掉氧化层。

2) 使两线头的芯线成 X 形交叉，互相绞绕 2～3 圈。

3) 然后扳直两线头。

4) 将两个线头在芯线上紧贴并绕 6 圈，用钢丝钳切去余下的芯线，并钳平芯线的末端。

这种连接方法适用于截面积为 2.5mm 及以下的单股铜芯导线，对于截面积为 2.5mm 以上的单股铜芯导线，连接时可采用绑扎方法。

(2) 单股铜芯导线的 T 形分支连接　如图 2-17 所示，其操作步骤是：

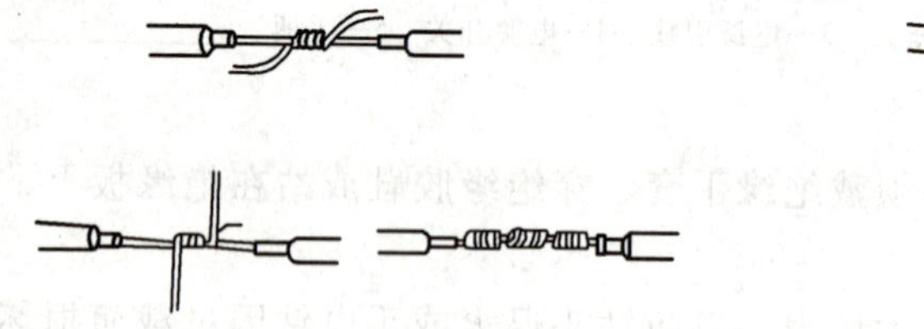

图 2-16　单股铜芯导线的直接连接

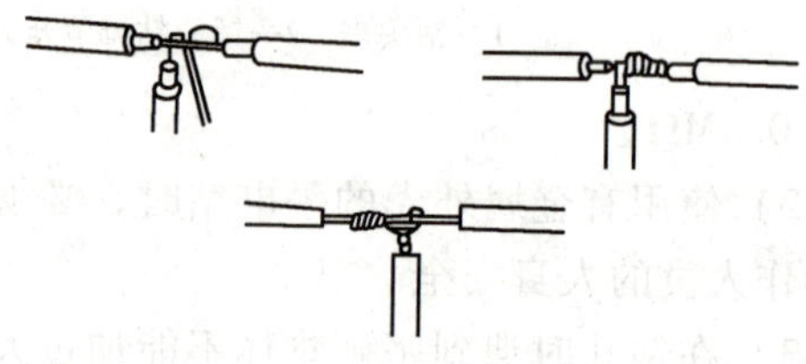

图 2-17　单股铜芯导线的 T 形分支连接

1) 将支路芯线的线头与干线芯线十字相交，在支路芯线根部留出约 3～5mm，然后按顺时针方向缠绕支路芯线，缠绕 6～8 圈后，用钢丝钳切去余下的芯线，并钳平芯线末端。

2) 对于较小截面（截面积小于 1.5mm）芯线的 T 形分支连接，应先将分支导线在主线上环绕成结状，然后再把支路芯线线头抽紧扳直，紧密缠绕 6-8 圈，剪去多余芯线，钳平切口毛刺。

(3) 7 股铜芯导线的直接连接　如图 2-18 所示，其操作步骤如下：

1) 绝缘层剥削长度为导线直径的 21 倍左右。

2) 将割去绝缘层的芯线头散开并拉直，接着把离绝缘层最近的 1/3 线段的芯线绞紧，然后把余下的 2/3 芯线头分散成伞状，并将每根芯线拉直。

3) 把两个伞状芯线线头隔根对插，并捏平两端芯线。

4) 把一端的 7 股芯线按 2、2、3 根分成三组，接着把第一组的 2 根芯线扳起，垂直于芯线，并按顺时针方向缠绕。

5) 缠绕 2 圈后，将余下的芯线向右扳直，再把下边第二组的 2 根芯线扳起垂直于芯线，也按顺时针方向紧紧压住前 2 根扳直的芯线缠绕。

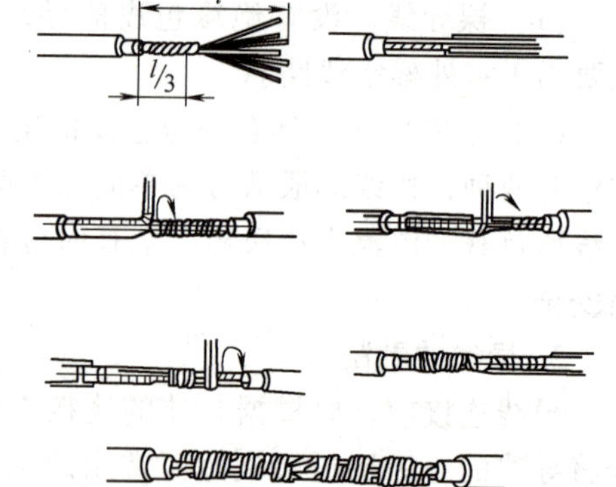

图 2-18　7 股铜芯导线的直接连接

6) 缠绕 2 圈后，也将余下的芯线向右扳直，再把下边第三组的 3 根芯线扳起，按顺时针方向紧压前 4 根扳直的芯线向右缠绕。

7) 缠绕 3 圈后，切去每组多余的芯线，钳平线端。

8) 用同样的方法缠绕另一边芯线。

(4) 铝芯导线的连接　铜芯导线通常可以直接连接，而铝芯导线由于常温下易氧化，且氧化铝的电阻率较高，故一般采用压接的方式。

（5）铜、铝导线间的连接　铜芯导线与铝芯导线不能直接连，通常要采用专用的铜、铝过渡接头。这是因为：一是铜、铝的热膨胀率不同，连接处容易产生松动；二是铜、铝直接连接会产生电化腐蚀现象。

（6）导线连接的注意事项

1）电气接触应较好，即接触电阻要小。

2）要有足够的机械强度。

3）连接处的绝缘强度不低于导线本身的绝缘强度。

4. 导线绝缘的恢复

导线绝缘层破损或导线连接后都要恢复绝缘，恢复后的绝缘强度不应低于原有的绝缘层。恢复绝缘层的材料一般用黄蜡带、涤纶薄膜带、塑料带和黑胶带等。黄蜡带或黑胶带通常选用带宽为 20mm 规格的，这样包缠较方便。通常的方法是，先用黄蜡带（或涤纶带）从离切口两根带宽（约 40mm）处的绝缘层上开始包缠，缠绕时采用斜叠法，黄蜡带与导线保持约 55°的倾斜角，每圈压叠带宽的 1/2，如图 2-19 所示。包缠黄蜡带后，将黑胶带接于黄蜡带的尾端，以相同的斜叠法向另一方向包缠一层黑胶带。

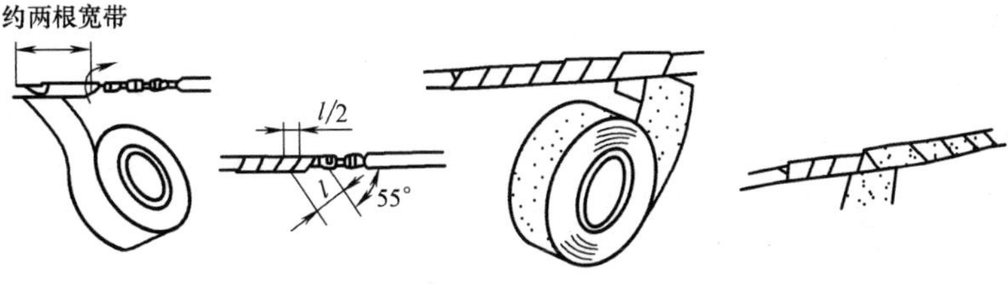

图 2-19　绝缘带的包缠

注意：包缠绝缘带时，一是不能过疏，更不允许露出线芯，以免造成事故；二是包缠时绝缘带要拉紧，要包缠紧密、坚实，并粘在一起以免潮气侵入。此外，对于电压为 380V 的线路恢复绝缘时，可先用黄蜡带斜叠紧缠两层，再用黑胶带缠绕 1～2 层。

5. 导线的线路配线方式

室内线路常用的配线方式有塑料护套线配线、线管配线、线槽配线和桥架配线等，选择何种配线方式，应考虑室内环境的特征和安全要求等因素。

（1）塑料护套线配线　塑料护套线是一种具有塑料保护层的双芯或多芯绝缘导线，具有防潮、线路造价低和安装方便等优点，可以直接敷设在墙壁、空心板及其他建筑物表面。

塑料护套线配线是使用塑料线卡作为导线的支持物的一种配线方式，此种方式广泛用于室内电气照明线路及小容量生活、生产等配电线路的明线安装。其中，线卡的形式有铁钉（水泥钉）固定式和粘接剂固定式两种，配线示意图如图 2-20 所示。配线方法如下：

1）确定线路走向及各电器的安装位置。

2）用弹线袋划线，按护套线的安装要求，每隔 150～200mm 划出固定线卡的位置。

3）在距开关、插座和灯具 50～100mm 处都需设置线卡的固定点。

4）在铁钉不可直接钉入的墙壁上配线时，必须先打孔安装木头以确保线路安装紧固。

5）将护套线一端固定，然后按住固定端，勒直并拉紧护套线，依次固定各个线卡。

（2）线槽配线　线槽配线方式广泛用于电气工程安装、机床和电气设备的配电板或配

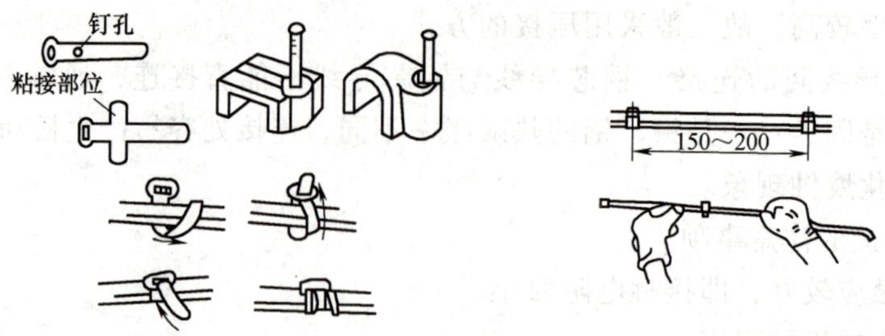

图 2-20 塑料护套线配线方法

电柜等配线，也适用于电气工程改造时更换线路以及各种弱电、信号线路在吊顶内的敷设。常用的塑料线槽材料为聚氯乙烯，由槽底和槽盖组合而成。配线时，应先铺设槽底，再敷设导线（即将导线放置于槽腔中），最后扣紧槽盖。应注意的是，槽底接缝与槽盖接缝应尽量错开。线槽配线方式具有安装维修方便、阻燃等特点。

实训项目3 常用电工仪表的使用与测量

3.1 学习要点

1）掌握常用电工仪表的使用方法。

2）掌握电工测量基础知识。

3.2 任务描述

1）通过万用表使用的实训，让学生具备测量实际电路的电压、电流及电阻值的技能，具备利用万用表判断电路故障的技能。

2）通过钳形电流表、兆欧表的使用，让学生具备测量电动机工作电流和测量电动机绕组对地绝缘电阻的技能。

3）通过示波器及信号发生器的使用，让学生具备使用信号发生器发出正弦波信号并用示波器观察波形参数的技能。

3.3 任务实施

3.3.1 万用表的使用

任务内容：使用万用表测量实际电路的电压、电流及电阻值。

1. 编制器材明细表

该实训任务所需器材见表3-1。

表3-1 万用表的使用实训所需器材明细表

序号	名　称	规　格	数　量	备　注
1	指针式万用表	MF47型	1只	
2	数字式万用表	DT—830型	1只	
3	电阻	100Ω、470Ω、1kΩ、1.5kΩ、51kΩ、100kΩ、500kΩ	若干	
4	直流可调电源	0～12V	1台	
5	滑动电阻	500Ω	1只	
6	交流可调电源	0～250V	1台	

2. 实训内容

（1）测电阻　分别用指针式万用表、数字式万用表测量不同电阻的阻值，注意选择量程，将测量结果记入表3-2中。

表 3-2 电阻的测量 （单位：Ω）

电阻标定阻值	100	470	1k	1.5k	51k	100k	500k
指针式万用表测量值							
数字式万用表测量值							

（2）测电压

1）测直流电压。

测直流电压的连接电路如图 3-1 所示，将 500Ω 滑动电阻器调至最大值。

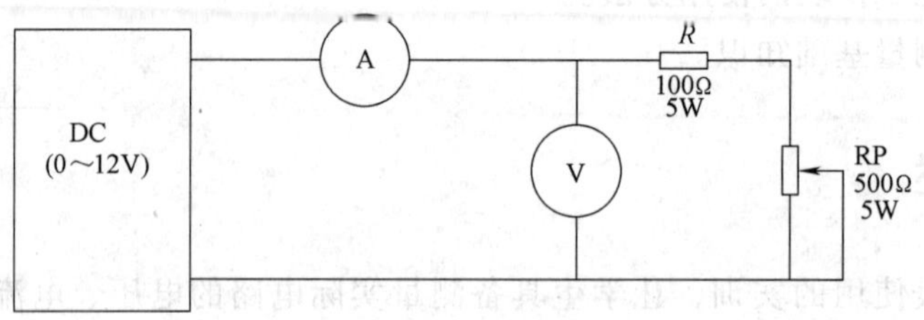

图 3-1 测直流电压的连接电路

将直流可调电源输出电压调至 1V、3V、10V、12V，用指针式万用表、数字式万用表在滑动电阻器两端分别进行测量，将测量结果记入表 3-3 中。

表 3-3 直流电压的测量 （单位：V）

电压输出值	1	3	10	12
指针式万用表测量值				
数字式万用表测量值				

2）测交流电压。

测交流电压的连接电路如图 3-2 所示，将 500Ω 滑动电阻器调至最大值。

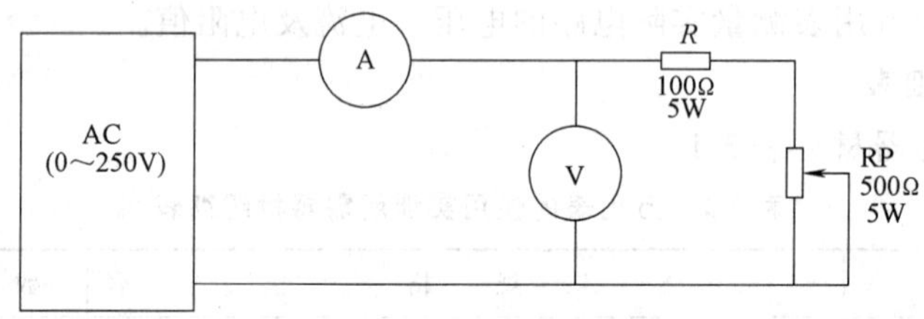

图 3-2 测交流电压的连接电路

将交流可调电源输出电压调至 10V、50V、100V、250V，用指针式万用表、数字式万用表在滑动电阻器两端分别进行测量，将测量结果记入表 3-4 中。

表 3-4 交流电压的测量 （单位：V）

电压输出值	10	50	100	250
指针式万用表测量值				
数字式万用表测量值				

（3）测电流

1）测直流电流。

按图3-1连接电路，将直流可调电源输出电压调至10V，分别调节滑动电阻器于500Ω、250Ω、50Ω处，分别用指针式万用表、数字式万用表直流电流档，串联于图中电流表位置进行测量，将测量结果记入表3-5中。

表3-5 直流电流的测量

滑动电阻器调节	最大值（阻值500Ω）	中间（阻值250Ω左右）	最大值1/10处（阻值50Ω左右）
指针式万用表测量值/A			
数字式万用表测量值/A			

2）测交流电流。

按图3-2连接电路，将交流稳压电源输出电压调至10V，分别调节滑动电阻器于500Ω、250Ω、50Ω处，分别用指针式万用表、数字式万用表交流电流档，串联于图中电流表位置进行测量，将测量结果记入表3-6中。

表3-6 交流电流的测量

滑动电阻器调节	最大值（阻值500Ω）	中间（阻值250Ω左右）	最大值1/10处（阻值50Ω左右）
指针式万用表测量值/A			
数字式万用表测量值/A			

3. 整理器材

实训完成后，整理好所用器材、工具，按照要求放置到规定位置。

3.3.2 钳形电流表、兆欧表的使用

任务内容：用钳形电流表测量三相异步电动机的工作电流，用兆欧表测量三相异步电动机绕组对地绝缘电阻。

1. 编制器材明细表

该实训任务所需器材见表3-7。

表3-7 钳形电流表和兆欧表使用实训所需器材明细表

序号	名　称	规　格	数　量	备　注
1	钳形电流表		1只	
2	兆欧表		1只	
3	三相异步电动机		1台	

2. 实训内容

（1）测量三相异步电动机的绝缘电阻

1）确认被测电动机已经停电，并将被测电动机线圈对地放电。

2）检查兆欧表，确认正常工作；正确接线（L为线路端，E为接地端），接线端钮要拧紧，L线与E线应绝缘良好，它们不应绞在一起。

3）检查电动机的对地绝缘电阻，首先检查接线E接地良好，以120r/min转速将表摇起，分别测三相导体，观察兆欧表的指示，将数据记入表3-8中。

4）将表棒移开被测导体后，兆欧表才能停止。

5）测绝缘后应将被测线圈对地放电。

表 3-8　三相电动机绝缘电阻的测量　　（单位：Ω）

测量次数	第一次测量	第二次测量	第三次测量	平均值
兆欧表示值				

（2）测量三相异步电动机的工作电流

1）将三相异步电动机正确连接后通电运转。

2）把钳形电流表打到交流最大量程，卡住3相电线中一相，看有没有电流显示，没有就把量程一步一步降档，直至有读数显示。

3）依次测量每相电流，并记录在表3-9中。

表 3-9　三相异步电动机的工作电流　　（单位：A）

电流	第一次测量	第二次测量	第三次测量	平均值
第一相电流				
第二相电流				
第三相电流				

4）电动机断电，带电器件注意安全放电。

3. 整理器材

实训完成后，整理好所用器材、工具，按照要求放置到规定位置。

3.3.3　示波器及信号发生器的使用

任务内容：会使用信号发生器发出正弦波信号并用示波器观察波形参数。

1. 编制器材明细表

该实训任务所需器材见表3-10。

表 3-10　示波器及信号发生器使用实训器材明细表

序号	名　称	规　格	数　量	备　注
1	信号发生器		1台	
2	示波器		1台	
3	专用连接线		1套	

2. 实训内容

准确连接信号发生器与示波器。调整信号发生器，按幅值5V、频率100kHz发出正弦波信号。然后用示波器观察正弦波波形、幅值、频率和周期，并记录在表3-11中。

表 3-11　波形参数记录

仪　器	电压/V	频率/Hz	周期/s	波　形
信号发生器	幅值：			
示波器测量值	峰峰值： 最大值： 有效值：			

3. 整理器材

实训完成后，整理好所用器材、工具，按照要求放置到规定位置。

3.4 考核要点

1. 万用表的正确使用

考查学生在实训中能否正确使用万用表，能否正确选择档位进行电阻、电压、电流的测量。

2. 钳形电流表、兆欧表的使用

考查学生能否按照操作要求正确使用钳形电流表和兆欧表，获得测量数值。

3. 波形测量

考查学生能否正确使用信号发生器发出正弦波，能否用示波器观测波形。

4. 成绩评定

根据以上考核要点对学生进行成绩评定，参见表3-12，给出该项目实训成绩。

表3-12　实训成绩评定表

实训项目内容	分值/分	考核要点及评分标准	扣分/分	得分/分
万用表的使用	30	未能正确获得测量值，每处扣5分		
		使用万用表出现错误，扣15分		
钳形电流表、兆欧表的使用	30	未按正确的方法进行使用，每处扣5分		
		未能用兆欧表正确测出绝缘电阻值，每次扣5分		
		未能用钳形电流表正确测出每相电流，每次扣5分		
示波器及信号发生器的使用	30	未能使用信号发生器发出正弦波信号，扣15分		
		示波器测量值测量错误，每处扣5分		
安全、规范操作	5	每违规一次扣2分		
整理器材、工具	5	未将器材、工具等放到规定位置，扣5分		
学　时	4学时	综合成绩		

3.5 能力拓展

收音机中波形的获取。

任务目标：对AM收音机进行波形测试，在接收到广播信号时获取本振波形、中频波形、音频波形、输出波形。编制操作过程表，绘制波形图。

3.6 相关知识点

3.6.1 万用表

万用表是一种多功能、多量程、便携式的仪器，是电子电气领域的一个基本的测量工具。它主要用于测量电阻、电流、电压等，高档万用表还可以测量电感、电容、晶体管参数等。普通的万用表有指针式万用表和数字式万用表两类。

1. 指针式万用表

（1）指针式万用表面板及表盘字符的含义　常用的指针式万用表型号有 MF30、MF50 及 MF47 等，其中 MF47 型指针式万用表如图 3-3 所示，在万用表面板上，有一些特定的符号，这些符号标明万用表的一些重要性能和使用要求。在使用万用表时，必须按这些要求进行操作，否则会导致测量不准确、发生事故、万用表损坏，甚至造成人身危险等。指针式万用表面板及表盘字符的含义见表 3-13。

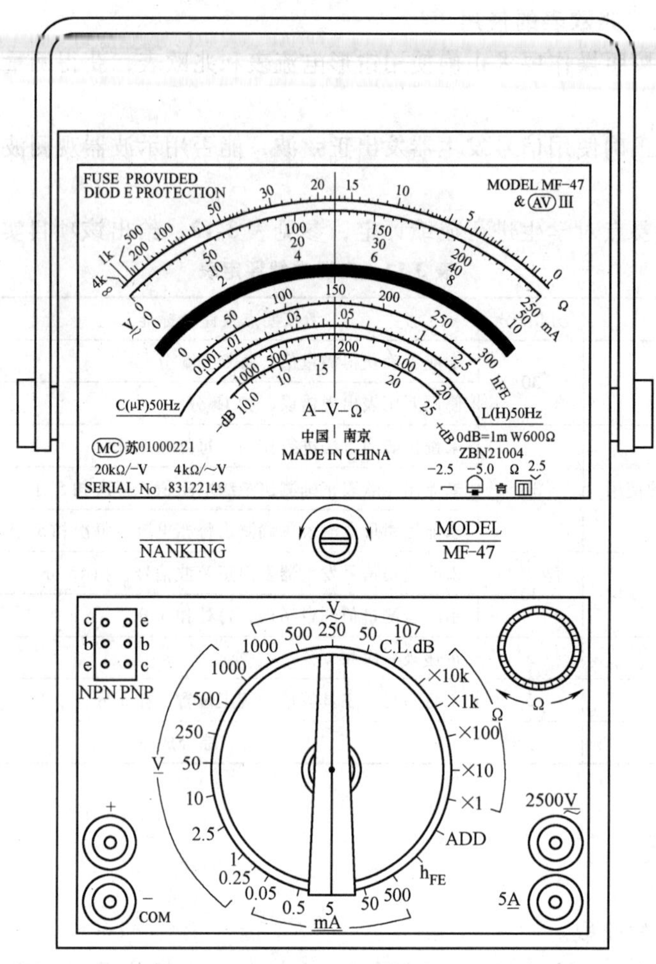

图 3-3　MF47 型指针式万用表

表 3-13　指针式万用表面板及表盘字符的含义

标志符号	意　义	标志符号	意　义
COM	公用端	接地符号	接地端
A	电流端	— 或 ⋯	被测量为直流
mA	被测电流适合 mA 档的接入端	≂	被测量为交流
5A	专用端（如 5A）	+)))	具有声响的通断测试
2.5 ∨	以标度尺长度百分数表示的准确度等级	+	正端

（续）

标志符号	意　义	标志符号	意　义
-	负端	↶↷	零点调节器
0dB = 1mW600Ω	在600Ω负载电阻上功耗1mW，定义为零分贝（dB）	20kΩ/-V	表示直流电压灵敏度为20kΩ/V，有的也以20000/VDC表示
┌┐	刻度盘水平放置使用	4kΩ/～V	表示交流电压灵敏度为4kΩ/V
A-V-Ω	测量对象包括电流、电压、电阻		

（2）指针式万用表的主要性能指标

1）准确度。

准确度是指万用表测量结果的准确程度，即测量值与标准值之间的基本误差值。准确度越高，测量误差越小。万用表的精度等级与基本误差见表3-14。

表3-14　万用表的精度等级与基本误差

精度等级	0.1	0.2	0.5	1.0	1.5	2.5	5.0
基本误差	±0.1%	±0.2%	±0.5%	±1.0%	±1.5%	±2.5%	±5.0%

2）直流电压灵敏度。

直流电压灵敏度是指使用万用表的直流电压档测量直流电压时，该档的等效内阻与满量程电压之比，单位是Ω/V或kΩ/V，一般直接标注在万用表的表盘上。例如某万用表在250V电压档时的内阻为2.5MΩ，其电压的灵敏度就为$2.5\times10^6\Omega/250V$，即10000Ω/V。

万用表的电压灵敏度越高，表明万用表的内阻越大，对被测电路的影响就越小，其测量结果就越准确。一般选用万用表的直流电压灵敏度要等于或大于20kΩ/V。

3）交流电压灵敏度。

交流电压灵敏度与直流电压灵敏度，除所测电压的交、直流有区别外，其他物理含义完全一样。一般选用交流电压灵敏度为4kΩ/V。

4）中值电阻。

中值电阻是当欧姆档的指针偏转至标度尺的几何中心位置时，所指示的电阻值正好等于该量程欧姆表的总内阻值。由于欧姆档标度的不均匀性，使欧姆表有效测量范围仅局限于基本误差较小的标度尺中央部分。

5）频率特性。

频率特性是指万用表测量交流电时，有一定的频率范围，如超出规定的频率范围，就不能保证其测量准确度。一般便携式万用表的工作频率范围为45～200Hz，袖珍式万用表的工作频率为45～1000Hz。

（3）指针式万用表的使用方法　用万用表测量时一般分为四步，即“核档”、“调零”、“接表”、“读表”。

“核档”主要是核对转换开关的档位是否合适，但注意不能带电转换档位。核档时，一是要核对测量项目（电压、电流、电阻等参数）是否正确，避免误操作损坏万用表。二是要核对量程是否合适，若量程量限偏大，则读数不准；量程偏小，可能打弯表针或烧坏万用表。因此，读数时表针应指在中心值或最大刻度值的 1/2 ~ 2/3 处。

“调零”是指有些测量项目切换量程后要及时进行调零操作。如测量电阻等。

“接表”是把万用表的两只表笔接入被测电路中。红（+）表笔接高电位，黑（-）表笔接低电位。

“读表”是指表针停稳后在标度尺上读取被测参数的测量值。读表时，眼睛的视线要和刻度盘上的平面镜垂直，使表针与平面镜的影像重合。

注意：读取数据后要进行倍率换算。

1）直流电流的测量。

首先核对转换开关是否在“mA”档的合适量程上，然后将万用表与被测电路串联，电流从红（+）表笔流入，从黑（-）表笔流出，最后在“mA”标度尺上读出测量值。直流电流测量图如图 3-4 所示，当档位开关置于直流电流的“50mA”档位时，满量程应为 50mA，读数刻度为第二条刻度线，此时指针所指位置，读得的数据为 6.8mA。

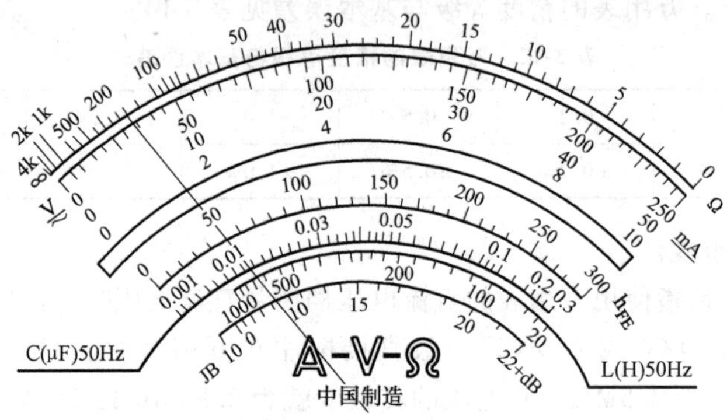

图 3-4　直流电流的测量

2）直流电压的测量。

核对转换开关是否在“V”档的合适量程上，将万用表与被测电路并联，红（+）表笔接高电位，黑（-）表笔接低电位，在“V”标度尺上读出测量值。直流电压测量图如图 3-5 所示，当档位开关置于直流电压“250V”档位时，满量程应为 250V，读数刻度为第二条刻度线，此时指针所指位置，读得的数据为 83V。

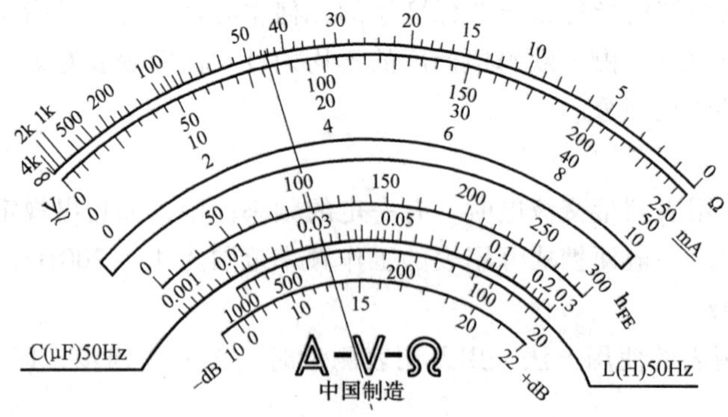

图 3-5　直流电压的测量

3）交流电压的测量。

核对转换开关是否在“$\widetilde{\mathrm{V}}$”档的合适量程上，将万用表与被测电路并联，表笔不分(＋)、(－)，在“$\widetilde{\mathrm{V}}$”标度尺上读出测量值。交流电压的测量图如图3-6所示，当档位开关置于交流电压的“250V”档位时，满量程应为250V，读数刻度为第二条刻度线，此时指针所指位置，读得的数据为177V。

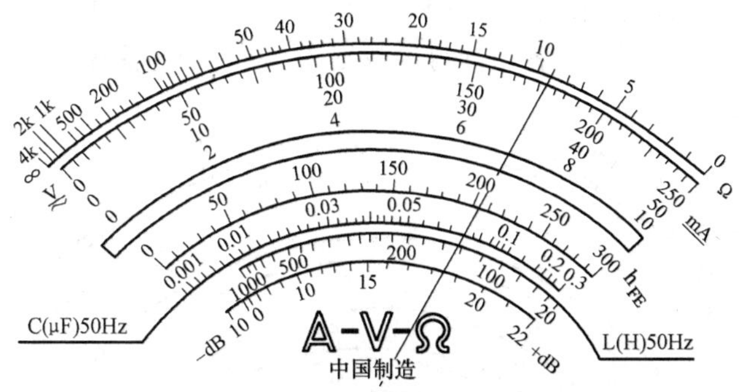

图3-6　交流电压的测量

4）电阻的测量。

测量电阻是用万用表内的干电池做电源，其端电压随使用时间增长而下降，使工作电流减小，致使指针不在零位置上。所以，切换“欧姆”量程后要及时进行调零操作，即将两表笔短接，旋转“零点调节器”，使指针指零。如果不能使指针指零，说明干电池电压不足，应更换新电池。

核对转换开关是否在“欧姆”档的合适量程上，将万用表的表笔（不分＋、－极）与电阻两端相接，在“Ω”标度尺上读出测量值。

电阻的测量图如图3-7所示，当档位开关置于电阻档的“R×1k”档位时，其值为读数刻度乘以1kΩ，读数刻度为第一条刻度线，此时指针所指位置，读得的数据为42×1kΩ＝42kΩ。

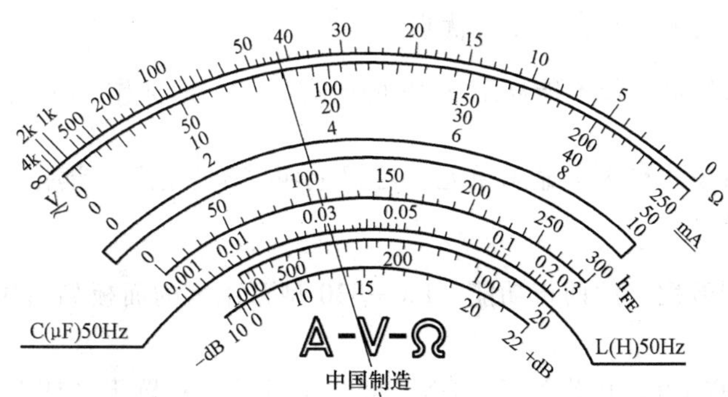

图3-7　电阻的测量

测量电阻时需注意以下事项：

① 测量电阻时严禁在被测电路带电的情况下进行测量，不得与其他导体并联。

② 用手持电阻测量时，两只手不得同时触及两个表笔的探针。

③ 在测量电阻的间断时间内，两支表笔不能长时间处于相碰状态，以免消耗电池的电能。

④ 读数时应使指针指在“Ω”标度尺中心附近。

5）晶体管直流放大系数的测量。

核对转换开关是否在“ADJ”档位上，和“Ω”档“调零”相似，使指针指在 h_{FE}尺右端的300标度上。“插管”时按晶体管管型（NPN或PNP），把引线端插入对应的引线端插孔e、b、c中，然后，可从“h_{FE}”标度尺上读取放大系数。

晶体管直流放大系数的测量图如图3-8所示，当档位开关置于“h_{FE}”档位时，读数刻度为 h_{FE}刻度线，此时指针所指位置，读得的数据为124，即为晶体管直流放大系数。

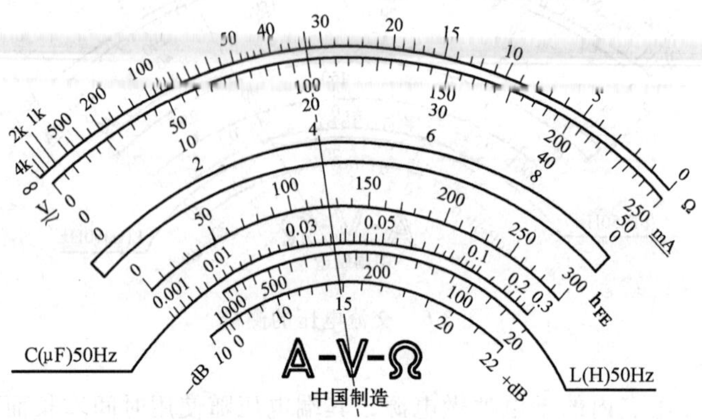

图3-8　晶体管直流放大系数的测量

使用万用表最为重要的是，一定要随时注意转换开关的位置和量程，严禁用电流档或电阻档去测量电压，稍有疏忽，就可能烧坏万用表。万用表使用完毕后，应将转换开关转拨至交流电压最大档位，以免他人误用而损坏。

2. DT—830型数字万用表

DT—830型数字万用表是以数字的方式直接显示被测量值的大小，十分便于读数。DT—830表是一种 $3\frac{1}{2}$位袖珍式仪表，与一般指针式万用表相比，该表具有测量精度高、显示直观、可靠性好、功能全和体积小等优点。

数字万用表显示的最高位不能显示0~9的所有数字，即称作“半位”，写成“$\frac{1}{2}$”位。例如袖珍式数字万用表共有4个显示单元，习惯上叫“$3\frac{1}{2}$位”（读作“三位半”）数字万用表。

（1）DT—830型万用表的面板功能　DT—830型万用表的面板如图3-9所示，其面板中各部分的功能如下：

1）电源开关POWER，开关置于“ON”时，电源接通；置于“OFF”时，电源断开。

2）功能量程选择开关，完成测量功能和量程的选择。

3）输入插孔。DT—830型万用表共有4个输入插孔，分别标有“V · Ω”、“COM”、“mA”和“$10\overline{A}$”。其中，“V · Ω”和“COM”两插孔间标有“MAX 750V ~ 1000V—”字样，表示从这两个插孔输入的交流电压不能超过750V（有效值），直流电压不能超过1000V。

4）h_{FE}插座（四芯插痤）。标有“E”、“B”、“C”字样，其中E孔有两个，它们在内部是连通的，该插座用于测量晶体管的 h_{FE}参数。

5）液晶显示器。最大显示值为1999或－1999。

DT—830型万用表可自动调零和自动显示极性。当万用表所用的9V叠层电池的电压低于7V时，低压指示符号被点亮；极性指示是指被测电压或电流为负时，符号“－”点亮，为正时，极性符号不显示。最高位数字兼作超量程指示。

（2）DT—830型万用表的使用方法

1）电压的测量。

将功能量程选择开关拨到“DCV”或“ACV”区域内恰当的量程档，将电源开关拨至“ON”位置，即可进行直流或交流电压的测量。使用时将万用表与被测电路并联。

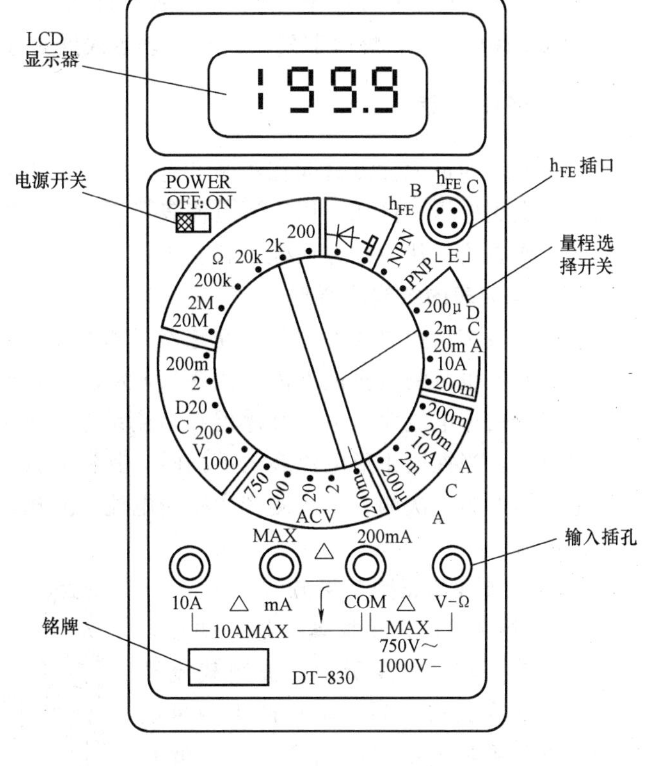

图3-9 DT—830型万用表面板

由“V·Ω”和“COM”两插孔输入的直流电压最大值不得超过允许值。另外应注意选择适当量程，所测交流电压的频率在45～500Hz。

2）电流的测量。

将功能量程选择开关拨到“DCA”区域内恰当的量程档，红表笔接“mA”插孔（被测电流小于200mA）或接“10A”插孔（被测电流大于200mA），黑表笔插入“COM”插孔，接通电源，即可进行直流电流的测量。使用时将万用表与被测电路串联。值得注意的事，由“mA”、“COM”两插孔输入的直流电流不得超过200mA。将功能量程开关拨到“ACA”区域的适当量程档即可进行交流电路的测量，其他操作与直流电流相同。

3）电阻的测量。

将功能量程选择开关拨到“Ω”区域内恰当的量程档，红表笔接“V·Ω”插孔，黑表笔接入“COM”插孔，然后将电源开关拨至“ON”位置，即可进行电阻的测量。精确测量电阻时应使用低阻档（如20Ω），可将两表笔短接，测出两表笔的引线电阻，并据此值修正测量结果。

4）晶体管的测量。

将功能量程选择开关拨到“NPN”或“PNP”位置，将晶体管的3个引脚分别插入“h_{FE}”插座对应的孔内，将电源开关拨至“ON”位置，即可进行晶体管直流放大系数的测量。

5）线路通断的检查。

将功能量程选择开关拨到蜂鸣器位置，红表笔接入“V·Ω”插孔，黑表笔接入

"COM"插孔，将电源开关拨至"ON"位置，即可测量线路电阻。若被测线路电阻低于规定值（20Ω ±10Ω）时，蜂鸣器发出声音，表示线路是通的。

3.6.2 钳形电流表

钳形电流表的最大优点是能在不断开电路的情况下测量交、直流电流。有的钳形电流表还可以测量交流电压。例如，用钳形电流表可以在不切断电路的情况下，测量运行中的交流电动机的工作电流，从而很方便地了解其工作状况。

1. 钳形电流表的结构及原理

钳形电流表按结构原理不同分为互感器式和电磁式两种，前者可测量交流电流，后者既可测量交流电流也可测量直流电流。图 3-10a 为钳形电流表的外形图。

互感器式钳形电流表由电流互感器和整流系电流表组成，如图 3-10b 所示。电流互感器铁心呈钳口形，当握紧钳形电流表的手柄时，其铁心张开如图 3-10c 虚线所示，把被测线放入，通电导体作为一次侧，二次侧产生感应电流，并送入整流系电流表进行测量，测出被测导体中的电流。

2. 钳形电流表的正确使用方法

1）在进行测量时用手捏紧手柄，铁心即张开，如图 3-10c 中虚线所示。被测载流导线的位置应放在钳口中间，防止产生测量误差，然后放开手柄，使铁心闭合，表头就有指示。

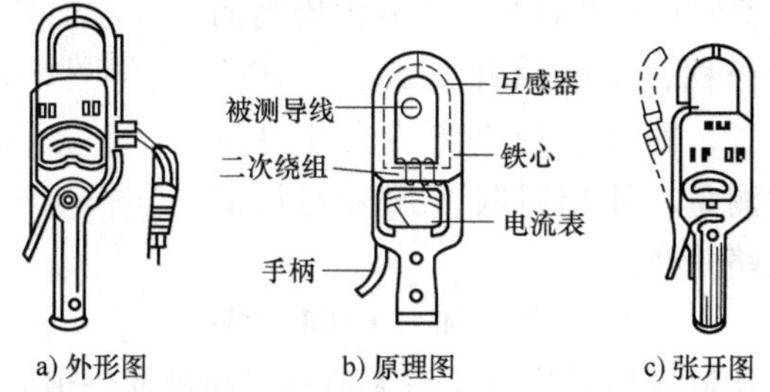

图 3-10　钳形电流表

2）测量时应先估计被测电流或电压的大小，选择合适的量程或先选用较大的量程测量，然后再根据被测电流、电压的大小减小量程，使读数超过刻度的 1/2，以便得到较准确的读数。

3）为使读数准确，钳口两个面应保证很好的接合。如有杂声，可将钳口重新开合一次。如果声音依然存在，可检查在接合面上是否有污垢存在，如有污垢，可用汽油擦干净。

4）为了测量小于 5A 以下的电流时能得到较准确的读数，在条件许可时可把导线多绕几圈放进钳口进行测量，但实际电流值应为表的读数除以放进钳口内的导线根数。

3.6.3 兆欧表

兆欧表旧称摇表或摇电箱，是一种常用的、简便的、用于测量大电阻的直读式携带型仪表。兆欧表分手摇发电机型、用交流电作电源型以及用晶体管直流电源变换器作电源的晶体管型三种，常用来测量电路、电机绕组、电缆及电气设备等的绝缘电阻。表盘上的标尺刻度以"MΩ"为单位。目前常用的兆欧表多是手摇发电机型，如图 3-11 所示。

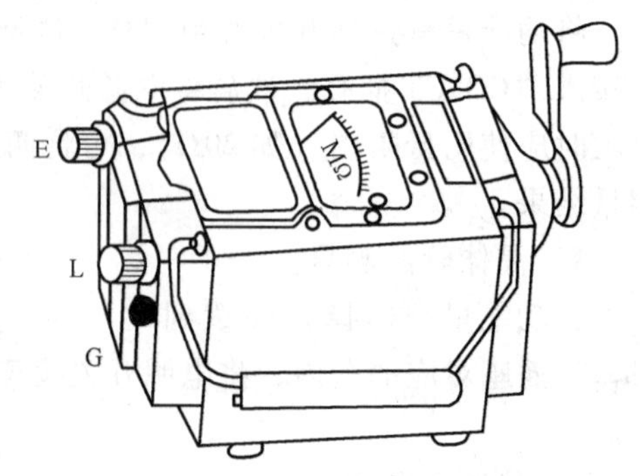

图 3-11　兆欧表

1. 兆欧表的使用方法

（1）线路间绝缘电阻的测量　如图 3-12a 所

示，被测两线路分别接在线路端钮L上和地线端钮E上，用左手稳住摇表，右手摇动手柄，由慢逐渐加快，并保持在120r/min左右，持续1min，读出示数。

（2）电动机定子绕组与机壳间绝缘电阻的测量　如图3-12b所示，定子绕组接在L上，机壳与E连接。

（3）电缆缆芯对缆壳间绝缘电阻的测量

如图3-12c所示，将端钮L与缆芯连接，端钮E与缆壳连接，将缆芯与缆壳之间的内层绝缘物接于屏蔽端钮G上，以消除因表面漏电而引起的测量误差。

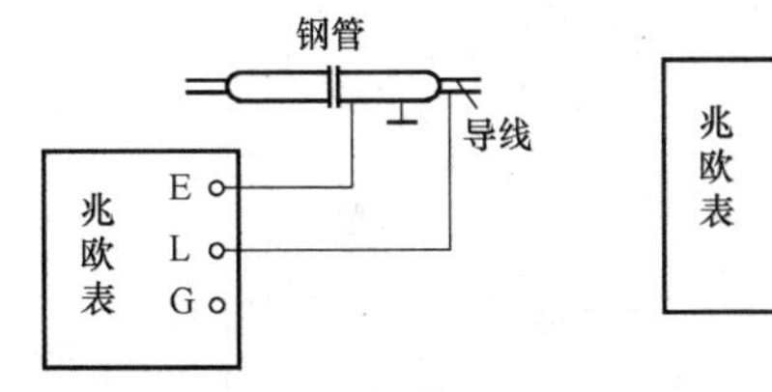

a) 两相线路间绝缘电阻的测量

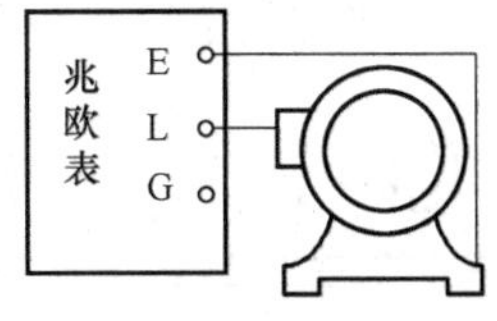

b) 绕组与机壳间绝缘电阻的测量

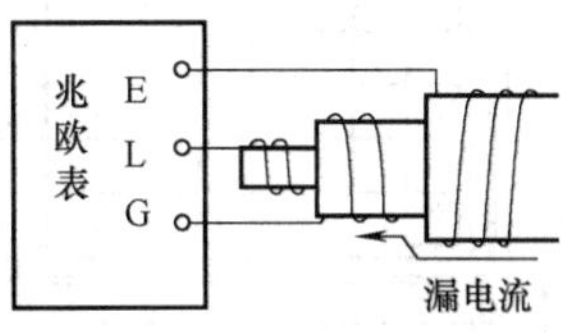

c) 电缆缆芯与缆壳之间绝缘电阻的测量

图3-12　用兆欧表测量绝缘电阻的接法

2. 使用兆欧表时应注意的事项

1）在进行测量前先切断被测线路或设备电源，并进行充分放电（约需2～3min），以保障设备及人身安全。

2）兆欧表接线柱与被测设备间连接导线不能用双股绝缘线或绞线，应用单股线分开单独连接，避免因绞线绝缘不良而引起测量误差。

3）测量前先将兆欧表进行一次开路和短路试验，检查兆欧表是否良好。若将两连接线开路，摇动手柄，指针应指在“∞”处，把两连接线短接，指针应立即指在“0”处，这说明兆欧表是良好的；否则兆欧表是有故障的。

4）测量时摇动手柄的速度由慢逐渐加快并保持120r/min左右的速度持续1min左右，这时的读数才是准确的。如果被测设备短路指针指零，应立即停止摇动手柄，以防表内线圈发热损坏。

5）测量电容器及较长电缆等设备的绝缘电阻后，应立即将端钮L的连线断开，以免被测设备向兆欧表倒充电而损坏仪表。

6）禁止在雷电时或在邻近有带高压电的导线或设备时使用兆欧表。

7）选用兆欧表量程范围时，一般应不要使其测量范围过多超出所需测量的绝缘电阻值，以免产生较大的读数误差。

8）测量完毕后，在手柄未完全停止转动和被测对象没有放电之前，切不可用手触及被测对象的测量部分或拆线，以免触电。

3.6.4 示波器

示波器是一种用荧光屏显示电信号随时间变化波形图像的电子测量仪器，是典型的时域测量仪器。它可直接测量被测信号的电压、频率、周期、时间、相位、调幅系数等参数，亦可间接观测电路的有关参数及元器件的伏安特性。下面以YB4320双踪四线示波器为例来介绍示波器的使用方法。

1. YB4320 示波器的面板结构

YB4320 示波器的面板结构如图 3-13 所示，各控制件的功能见表 3-15。

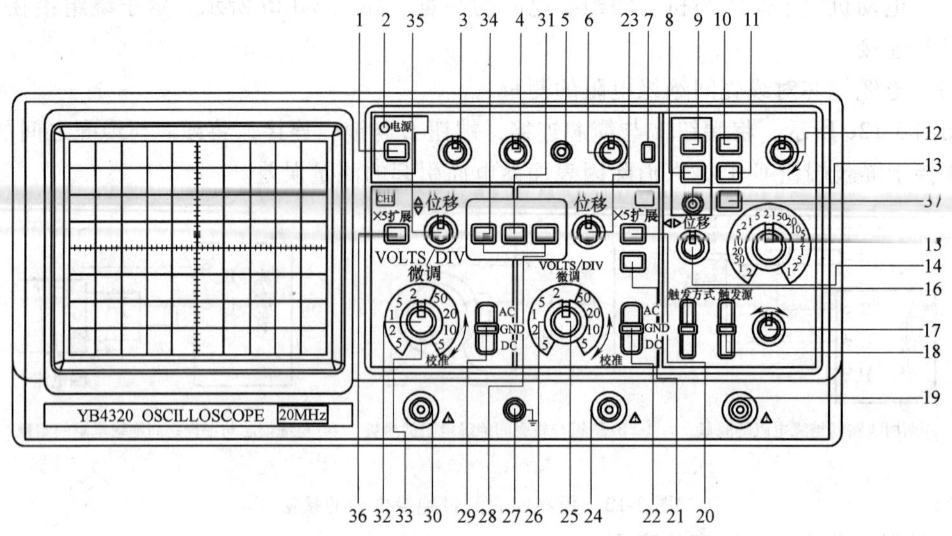

图 3-13　YB4320 示波器的面板结构

表 3-15　YB4320 示波器的面板控制件功能表

序号	功　能	序号	功　能	序号	功　能
1	电源开关	14	水平位移	27	接地柱
2	电源指示灯	15	扫描速度选择开关	28	通道 2 选择
3	亮度旋钮	16	触发方式选择	29	通道 1 耦合选择开关
4	聚焦旋钮	17	触发电平旋钮	30	通道 1 输入端
5	光迹旋转旋钮	18	触发源选择开关	31	叠加
6	刻度照明旋钮	19	外触发输入端	32	通道 1 垂直微调旋钮
7	校准信号	20	通道 2 ×5 扩展	33	通道 1 幅度转换开关
8	交替扩展	21	通道 2 极性开关	34	通道 1 选择
9	扫描时间扩展控制键	22	通道 2 耦合选择开关	35	通道 1 垂直位移
10	触发极性选择	23	通道 2 垂直位移	36	通道 1 ×5 扩展
11	X-Y 控制键	24	通道 2 输入端	37	交替触发
12	扫描微调控制键	25	通道 2 垂直微调旋钮		
13	光迹分离控制键	26	通道 2 幅度转换开关		

2. YB4320 示波器的使用方法

(1) 仪器校准

1) 亮度、聚焦、移位旋钮居中，扫描速度置 0.5ms/DIV 且微调为校正位置，垂直灵敏度置 10mV/DIV 且微调为校正位置。

2) 通电预热，调节亮度、聚焦，使光迹清晰并与水平刻度平行（不宜太亮，以免示波管老化）。

3）用探极将仪器上的校正信号输入至 CH1 输入插座，调节 Y 移位与 X 移位，使波形与图 3-14 所示波形相符合。

4）用探极将仪器上的校正信号输入至 CH2 输入插座，调节 Y 移位与 X 移位，得到与图 3-14 相符合的波形。

（2）示波器测量

1）幅度的测量方法。

幅度的测量方法包括峰-峰值（U_{p-p}）的测量、最大值的测量（U_{MAX}）、有效值的测量（U），其中峰-峰值的测量结果是基础，后几种测量都是由该值推算出来的。

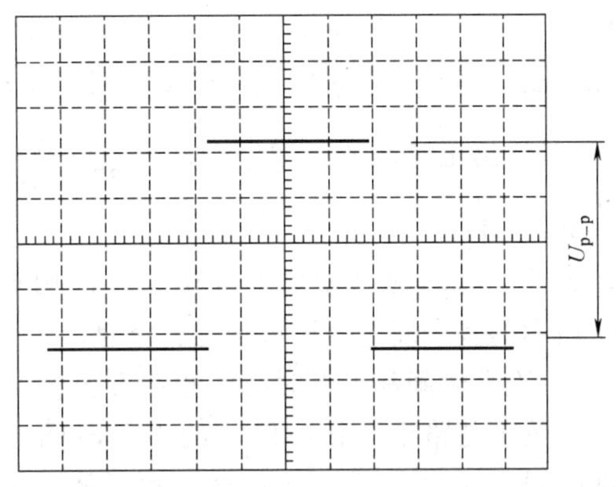

图 3-14　校正信号波形

峰-峰值（U_{p-p}）的含义是波形的最高电压与最低电压之差。以正弦波的测量为例，按正常的操作步骤，适当调节扫描速度选择开关和幅度选择开关（VOLTS/DIV），使示波器波形显示稳定的、大小适合的波形后，就可以进行测量了。为便于读数，应调节 X 轴和 Y 轴的位移，使正弦波的下端置于某条水平刻度线上，波形的某个上端位于垂直中轴线上，就可以读数了，如图 3-15 所示。

图 3-15b 中，可以很容易读出波形的峰-峰值占了 6.2 格（DIV），如果 Y 轴增益旋钮被拨到 2V/DIV，并且微调已拨到校准，则正弦波的峰-峰值为

$$U_{p-p} = 6.2\text{DIV} \times 2\text{V/DIV} = 12.4\text{V}$$

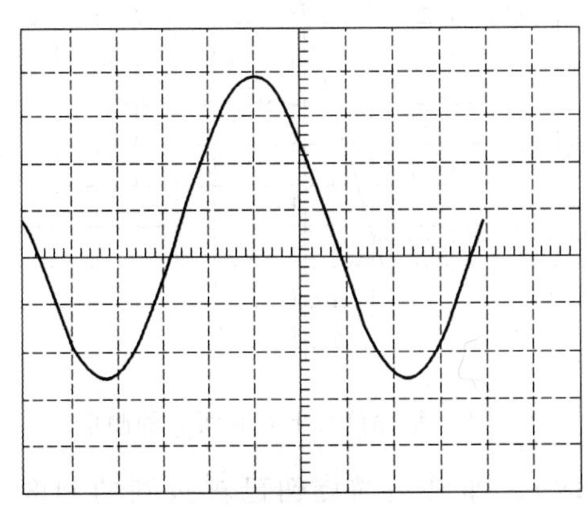

a) 波形位置不利于读数

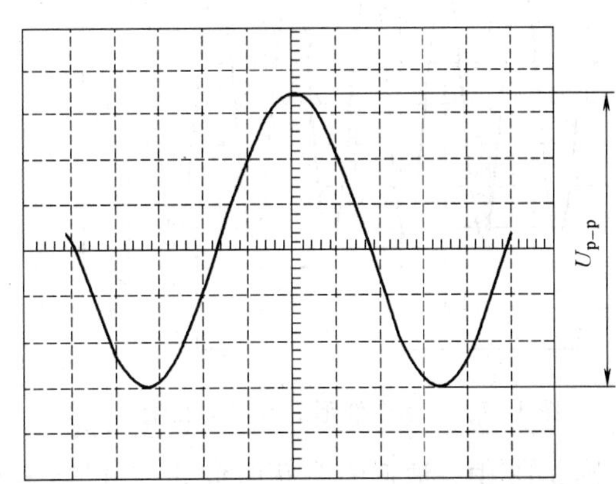

b) 波形位置有利于读数

图 3-15　示波器上正弦波峰-峰值幅度的读数方法

测出了峰-峰值，就可以计算出最大值和有效值了。对于正弦波，这 3 个值有以下关系：

$$U_{MAX} = \frac{1}{2}U_{p-p} \qquad U = \frac{\sqrt{2}}{2}U_{MAX}$$

由此可计算出，$U_{MAX} = 6.2\text{V}$，$U \approx 4.38\text{V}$。

2）周期和频率的测量方法。

周期 T 的测量是通过屏幕上 X 轴来进行的。当适当大小的波形出现在屏幕上后，应调

整其位置，使其容易对周期 T 进行测量，最好的办法是利用其过零点，将正弦波的过零点放在 X 轴上，并使左边的一个位于某竖刻度线上，如图 3-16 所示。

图 3-16 中所示正弦波周期占了 6.5 格（DIV），如果扫描旋钮已被拨到的刻度为 5ms/DIV，可以计算出其周期 $T=6.5\text{DIV}\times5\text{ms/DIV}=32.5\text{ms}$。同时，根据周期与频率的关系 $f=1/T$，可以算出正弦波的频率 $f=1/T=\frac{1}{32.5\times10^{-3}}\text{Hz}\approx30.77\text{Hz}$。

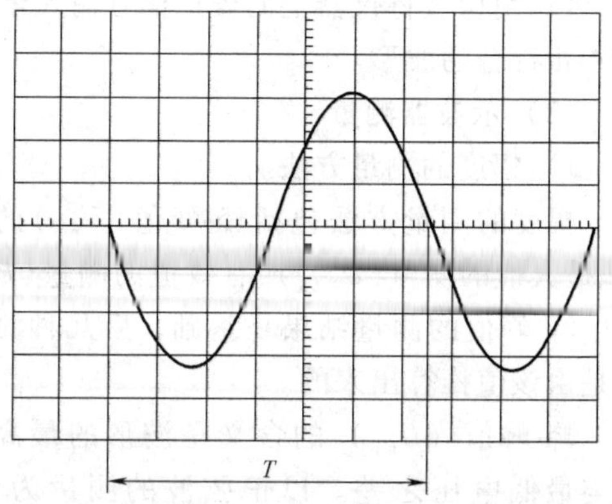

图 3-16　正弦波周期的测量

为了使周期的测量更为准确，可以用如图 3-17 所示的多个周期的波形来进行测量。

3）上升时间和下降时间的测量方法。

在数字电路中，脉冲信号的上升时间 t_r 和下降时间 t_f 十分重要。上升时间和下降时间的定义是：以低电平为 0%，高电平为 100%，上升时间是电平由 10% 上升到 90% 时所使用的时间，而下降时间则是电平由 90% 下降到 10% 时所使用的时间。

测量上升时间和下降时间时，应将信号波形展开使上升沿呈现出来并达到一个有利于测量的形状，再进行测量，如图 3-18 所示。

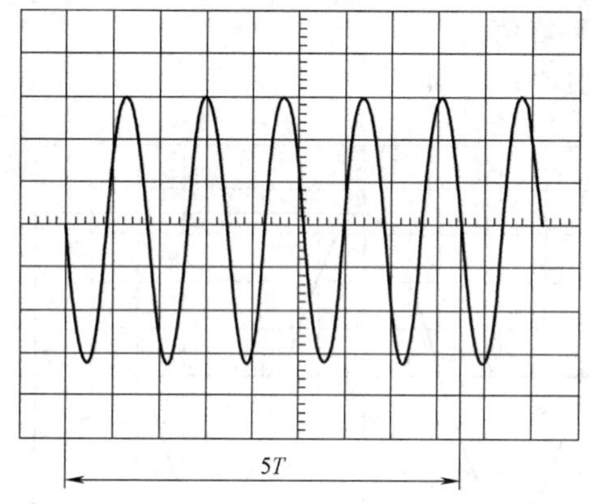

图 3-17　用多个波形进行周期测量

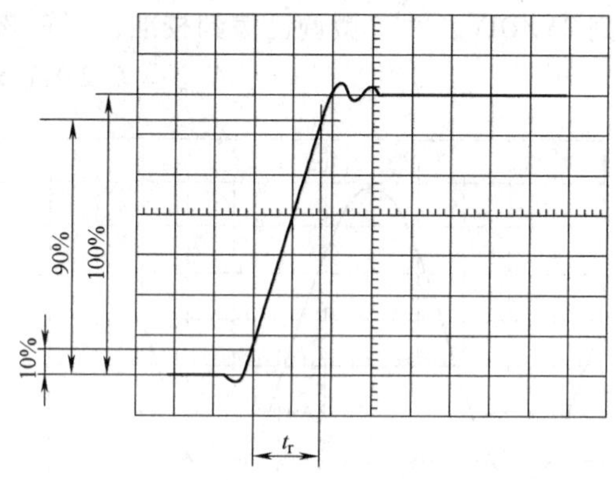

图 3-18　脉冲信号上升时间 t_r 的测量

图 3-18 中，波形的上升时间占了 1.78 格（DIV），如果扫描旋钮已被拨到的刻度为 20μs/DIV，可以计算出上升时间 $t_r=1.78\text{DIV}\times20\mu\text{s/DIV}=35.6\mu\text{s}$。

3.6.5　信号发生器

信号发生器即是产生测试信号的仪器，也称为信号源，它用于产生被测电路所需特定参数的电测试信号。信号源有很多种分类方法，其中一种方法可分为混和信号源和逻辑信号源两种。混和信号源主要输出模拟波形；逻辑信号源输出数字码形。混和信号源又可分为函数信号发生器和任意波形/函数发生器，其中函数信号发生器输出标准波形，如正弦波、方波等，任意波形/函数发生器输出用户自定义的任意波形；逻辑信号发生器又可分为脉冲信号发生器和码形发生器，其中脉冲信号发生器驱动较小个数的方波或脉冲波输出，码形发生器生成许多通道的数字码形。

1. 信号发生器的分类

（1）函数信号发生器　函数信号发生器是使用最广的通用信号源，提供正弦波、锯齿波、方波、脉冲波等波形，有的还同时具有调制和扫描功能。

（2）任意波形发生器　任意波形发生器是一种特殊的信号源，不仅可以生成一般信号源波形，还可以仿真实际电路测试中需要的任意波形。由于各种干扰和响应的存在，实际电路运行时，往往存在各种缺陷信号和瞬时信号，在设计之初使用任意波形发生器可以进行试验，避免灾难性后果。

2. EE1640C 型函数信号发生器/计数器的使用

（1）EE1640C 型函数信号发生器/计数器简介　EE1640C 型函数信号发生器/计数器整体面板如图 3-19 所示，各按键、旋钮的功能及使用方法见表 3-16。

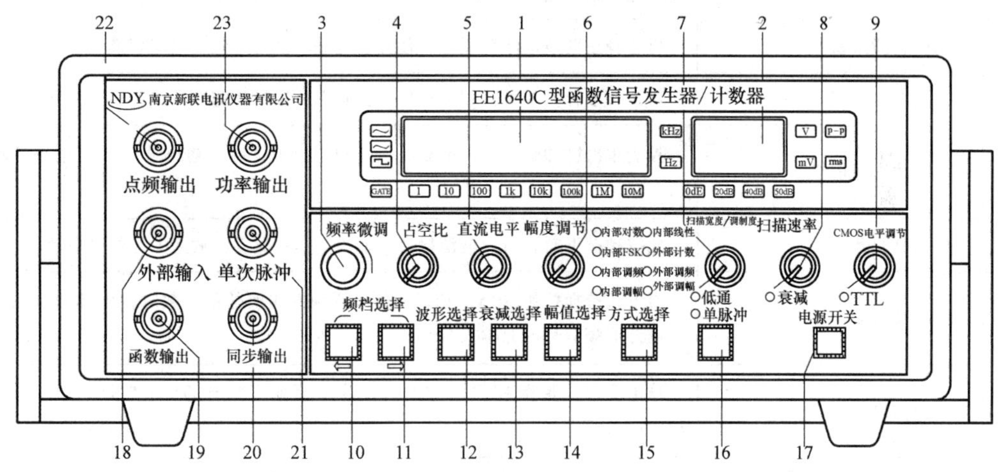

图 3-19　EE1640C 型函数信号发生器/计数器面板图

表 3-16　EE1640C 型函数信号发生器/计数器按键、旋钮的功能及使用方法

序号	按键、旋钮名称	功能及使用方法
1	频率显示窗口	显示输出信号的频率或外测频信号的频率
2	幅度显示窗口	显示函数输出信号的幅度
3	频率微调电位器	调节此旋钮可改变输出频率的 1 个频程
4	输出波形占空比调节旋钮	调节此旋钮可改变输出信号的对称性。当电位器处在中心位置时，则输出对称信号；当此旋钮关闭时，也输出对称信号
5	函数信号输出信号直流电平调节旋钮	调节范围：－10～＋10V（空载），－5～＋5V（50Ω 负载）。当电位器处在中心位置时，则为 0 电平；当此旋钮关闭时，也为 0 电平
6	函数信号输出幅度调节旋钮	调节范围 20dB
7	扫描宽度/调制度调节旋钮	调节此电位器可调节扫频输出的频率宽度。在外测频时，逆时针旋到底（绿灯亮）为外输入测量信号经过低通开关进入测量系统。在调频时，调节此电位器可调节频偏范围；调幅时，调节此电位器可调节调幅调制度；FSK 调制时，调节此电位器可调节高低频率差值，逆时针旋到底时为关调制

（续）

序号	按键、旋钮名称	功能及使用方法
8	扫描速率调节旋钮	调节此电位器可以改变内扫描的时间长短。在外测频时，逆时针旋到底（绿灯亮）为外输入测量信号经过衰减“20dB”进入测量系统
9	CMOS电平调节旋钮	调节此电位器可以调节输出的CMOS电平。当电位器逆时针旋到底（绿灯亮）时，输出为标准的TTL电平
10	左频段选择按钮	每按一次此按钮，输出频率向左调整一个频段
11	右频段选择按钮	每按一次此按钮，输出频率向右调整一个频段
12	波形选择按钮	可选择正弦波、三角波、脉冲波输出
13	衰减选择按钮	可选择信号输出的0dB、20dB、40dB、60dB衰减的切换
14	幅值选择按钮	可选择正弦波的幅度显示，使其在峰—峰值与有效值之间切换
15	方式选择按钮	可选择多种扫描方式、多种内外调制方式以及外测频方式
16	单脉冲选择按钮	控制单次脉冲输出，每揿动一次此按键，单次脉冲输出端（21）电平翻转一次
17	整机电源开关	此按键揿下时，机内电源接通，整机工作；此键释放为关掉整机电源
18	外部输入端	当方式选择按钮（15）选择在外部调制方式或外部计数时，外部调制控制信号或外测频信号由此输入
19	函数输出端	输出多种波形受控的函数信号，输出幅度 $U_{p-p}=20V$（空载），$U_{p-p}=10V$（50Ω负载）
20	同步输出端	当CMOS电平调节旋钮（9）逆时针旋到底时，输出标准的TTL幅度的脉冲信号，输出阻抗为600Ω；当CMOS电平调节旋钮打开时，则输出CMOS电平脉冲信号，高电平在5～13.5V可调
21	单次脉冲输出端	单次脉冲输出由此端口输出
22	点频输出端（选件）	提供50Hz的正弦波信号
23	功率输出端（选件）	提供≥10W的功率输出

（2）EE1640C型函数信号发生器/计数器的应用

1）输出标准的TTL电平的脉冲信号。

① 选择同步输出端，CMOS电平调节旋钮逆时针旋到底，输出标准的TTL电平的脉冲信号如图3-20所示。

② 示波器显示读数：$U_{p-p}=2V/DIV\times2DIV=4V$。

2）输出 $f=2kHz$、$U_{p-p}=5V$ 的正弦波。

① 选择正弦波形，调整频率为2kHz，幅度 U_{p-p} 为5V。

② 选择函数输出端，接入示波器CH1通道，耦合方式选择AC，CH2耦合方式选择GND，显示地线，双踪波形显示如图3-21所示。

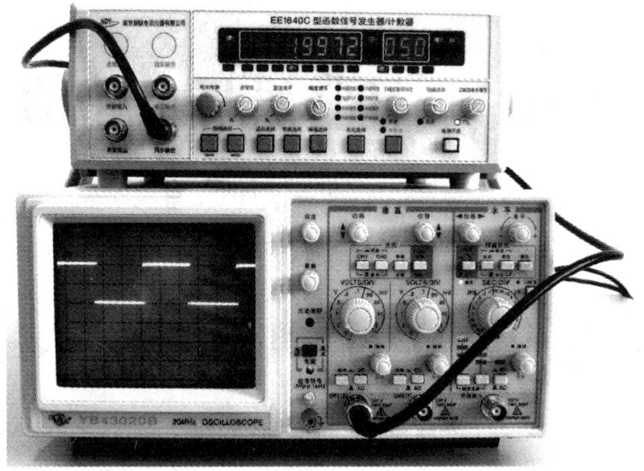

图 3-20　输出标准的 TTL 电平的脉冲信号

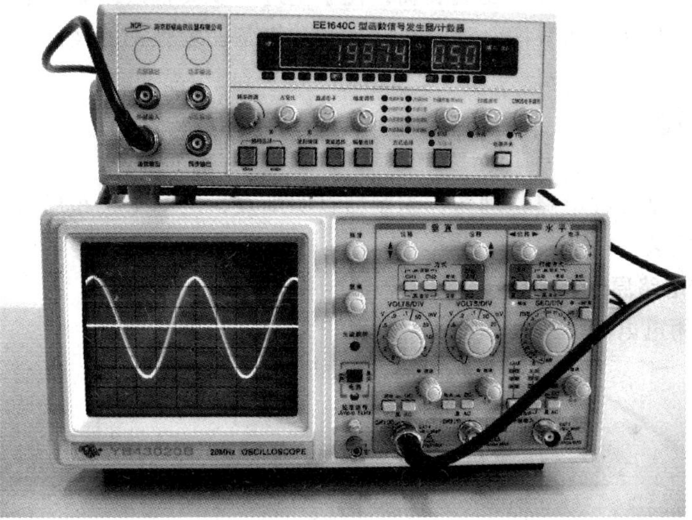

图 3-21　输出频率为 2kHz、幅度 U_{p-p} 为 5V 的正弦波形

实训项目4　日常民用电路的安装

4.1　学习要点

1）了解日常民用电路的设计方法。
2）掌握日常民用电路的施工技术。

4.2　任务描述

通过一居室照明用电设计与安装实训，让学生进一步具备绘制工程电路原理图、编制器材明细表、绘制工程布局布线图、进行线路敷设和设备安装施工的技能。

4.3　任务实施

任务内容：绘制工程电路原理图，编制器材明细表，绘制工程布局布线图，完成一居室照明用电设计与安装。

1. 绘制工程电路原理图

一居室照明用电电路原理图如图 4-1 所示。

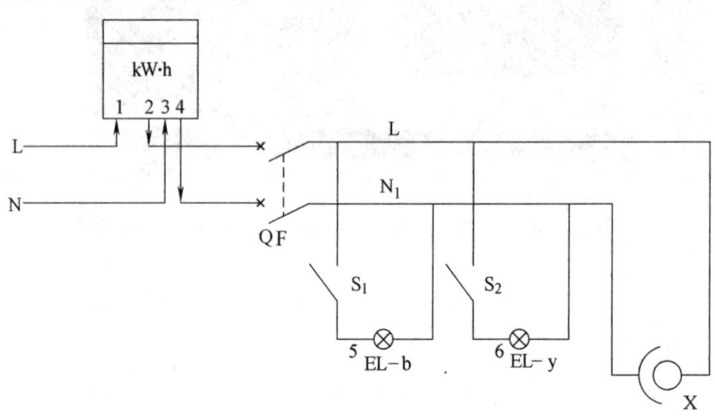

图 4-1　一居室照明用电电路原理图

2. 编制器材明细表

该实训任务所需器材见表 4-1。

表 4-1　一居室照明设计与安装实训电器材明细表

代　号	名　称	规　　格	数　量	备　注
EL-b	白炽灯	25W	1个	
W · h	电能表	DD28 系列单相电能表 5A	1只	
QF	断路器	DZ4710A	1个	

（续）

代　号	名　称	规　　格	数　量	备　注
EL-y	荧光灯	40W	1根	
S_1、S_2	照明开关	1A	2个	
X	三眼插座	5A	1个	
	槽板		若干	
	圆木		若干	
	电源线	2mm 铜线	若干	

3. 绘制工程布局布线图

本实训内容的布局布线图请同学根据实训场地和设备情况在指导教师指导下绘制。

4. 器材质量检查与清点

测量检查各器件的质量并清点数量。

5. 安装、敷设施工

1）根据布局布线图的布局要求固定器件。

2）根据布局布线图的布线要求敷设线路。

3）连接导线。

4）安装完成后，仔细检查线路。

6. 通电检查与验收

检查无误后，通电检验，观察荧光灯能否正确点亮。如有故障与错误，请排除。

7. 整理器材

实训结束后，整理好本次实训所用的器材、工具，按照要求放置到规定位置。

4.4　考核要点

1. 工程电路图、器材明细表、工程布局布线图

检查是否按照电路原理图正确画出工程电路原理图、编制器材明细表、绘制工程布局布线图，器件是否使用，安装是否正确。

2. 安装敷设施工

安装敷设施工是否符合要求，是否做到安全、美观、规范。

3. 检查与验收

通电测试是否达到实训项目目标。

4. 成绩考核

根据以上考核要点对学生进行成绩评定，参见表4-2，给出该项目实训成绩。

表4-2　实训成绩评定表

实训项目内容	分值/分	考核要点及评分标准	扣分/分	得分/分
一居室照明用电设计与安装	90	未能正确绘制工程电路原理图，扣15分		
		未能正确编制器材明细表，扣10分		
		未按正确的要求绘制工程布局布线图，扣10分		
		未能正确安装各个器件，每处扣5分		
		不能正确点亮照明设备，扣10分		

（续）

实训项目内容	分值/分	考核要点及评分标准	扣分/分	得分/分
安全、规范操作	5	每违规一次扣 2 分		
整理器材、工具	5	未将器材、工具等放到规定位置，扣 5 分		
学　时	4 学时	综合成绩		

4.5 能力拓展

设计一三口之家的两居室单卫单厨的家装电气工程方案。

任务目标：设计一两居室房屋的电路图和布局布线图，实现居民生活的用电要求，并编制器材明细表。

4.6 相关知识点

4.6.1 电功率

电功率的大小与负载承受的电压和通过负载的电流有关，即

$$P = UI \tag{4-1}$$

式中，P 是电功率，单位为 W；U 是电压，单位为 V；I 是电流，单位为 A。

在日常用电电路中，各个用电器具都具有一定的额定功率，在选择电器件和敷设导线时要根据额定功率选择器件规格和线径。一般是根据额定功率选择插座、开关规格和分线线径，根据总功率选择断路器、电能表、熔断器规格和总线线径。

在一般日常民用电路中，铝导线的载流量计算，当规格数为 2.5mm 以下时，可以用规格数乘以 9，2.5mm 以上时，规格数每升一级，其载流量为规格数乘以倍数减一估算，铜线载流量则比铝线高一个线截面规格；开关、插座的载流量以最大载流量向上靠标准规格选定；熔断器、断路器选择要在最大负荷电流上增加 30% 的量值确定；电能表的选择则应高一个规格，给增加用电留有余地。

4.6.2 常用照明附件的安装

1. 木台的安装

木台用于明线安装方式。在明线敷设完毕后，需要安装开关、插座、挂线盒等处先安装木台。在木质墙上可直接用螺钉固定木台，对于混凝土或砖墙应先钻孔，插入木榫或膨胀管，再用较长木螺钉将木台固定牢固。

2. 灯座的安装

（1）平灯座的安装　平灯座应安装在已固定好的木台上。平灯座上有两个接线桩，一个与电源中性线连接，另一个与来自开关的一根线（开关控制的相线）连接。插口平灯座上的两个接线桩可任意连接上述的两个线头；而螺口平灯座则有严格的规定，即必须把来自开关的线头连接在连通中心弹簧片的接线桩上，电源中性线的线头连接在连通螺纹圈的接线桩上，其安装方法如图 4-2 所示。

（2）吊灯座的安装　把挂线盒底座安装在已固定好的木台上，再将塑料软线或花线的一端穿入挂线盒罩盖的孔内，并打个结，使其能承受吊灯的重量（采用软导线吊装的吊灯重量应小于1kg，否则应采用吊链），然后将两个线头的绝缘层剥去，分别穿入挂线盒底座正中凸起的两个侧孔里，再分别接到两个接线桩上，旋上挂线盒盖。接着将软线的另一端穿入吊灯座的两个接线桩上，罩上吊灯盖，其安装方法如图4-3所示。

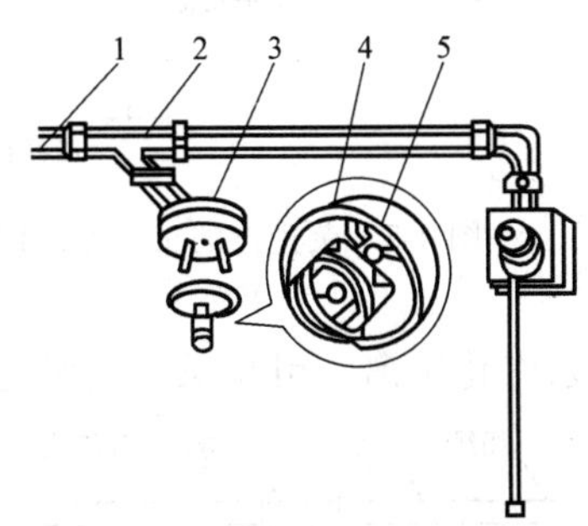

图4-2　螺口平灯座的安装

1—中性线　2—相线　3—圆木

4—螺口灯座　5—连接开关接线柱

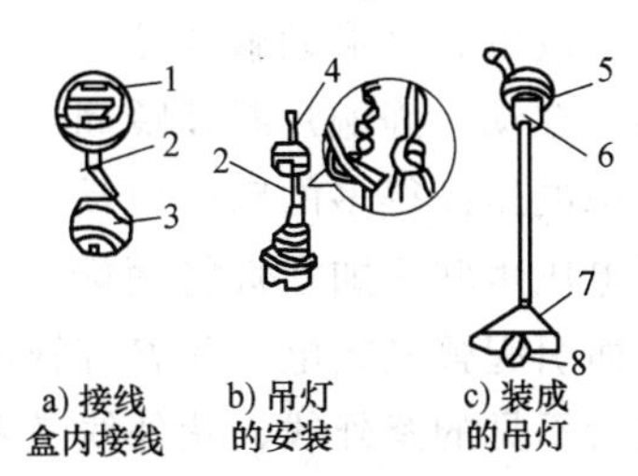

图4-3　吊灯座的安装

1—接线盒底座　2—导线结扣　3、6—接线盒罩盖

4—吊灯座盖　5—挂线盒　7—灯罩　8—灯泡

3. 开关的安装

开关明装时也要装在已固定好的木台上，将穿出木台的两根导线（一根为电源相线，一根为开关线）穿入开关的两个孔眼，固定开关，然后把剥去绝缘层的两个线头分别接到开关的两个接线桩上，最后装上开关盖，待接好线，经过仔细检查无误才能通电使用。

4. 插座的安装

插座的安装接线图如图4-4所示。

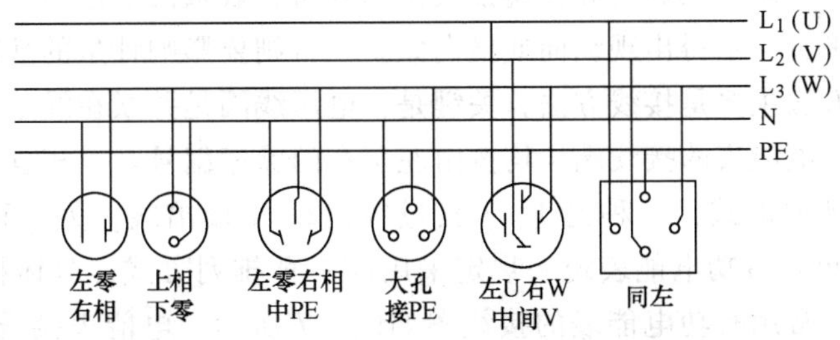

图4-4　插座安装接线图

4.6.3　荧光灯照明线路的安装

荧光灯又叫日光灯，其照明线路具有结构简单、使用方便等特点，而且荧光灯还有发光效率高的优点，因此，荧光灯是应用较普遍的一种照明灯具。

荧光灯照明线路主要由灯管、启动器、镇流器等组成。其灯管由玻璃管、灯丝、灯头、灯脚等组成，玻璃管内抽成真空后充入少量汞（水银）和惰性气体，管壁涂有荧光粉，在灯丝上涂有电子粉。

1. 荧光灯的工作原理

荧光灯的工作原理如图 4-5 所示，闭合开关接通电源后，电源电压经镇流器、灯管两端的灯丝加在启动器的∩形动触片和静触片之间，引起辉光放电。放电时产生的热量使得用双金属片制成的∩形动触片膨胀并向外伸展，与静触片接触，使灯丝预热并发射电子。在∩形动触片与静触片接触时，二者间电压为零而停止辉光放电，∩形动触片冷却收缩并复原而与静触片分离，在动、静触片断开瞬间在镇流器两端产生一个比电源电压高得多的感应电动势。这个感应电动势与电源电压串联后加在灯管两端，使灯管内惰性气体被电离而引起弧光放电。随着灯管内温度升高，液态汞汽化游离，引起汞蒸气弧光放电而发出肉眼看不见的紫外线，紫外线激发灯管内壁的荧光粉后，发出近似日光的可见光。

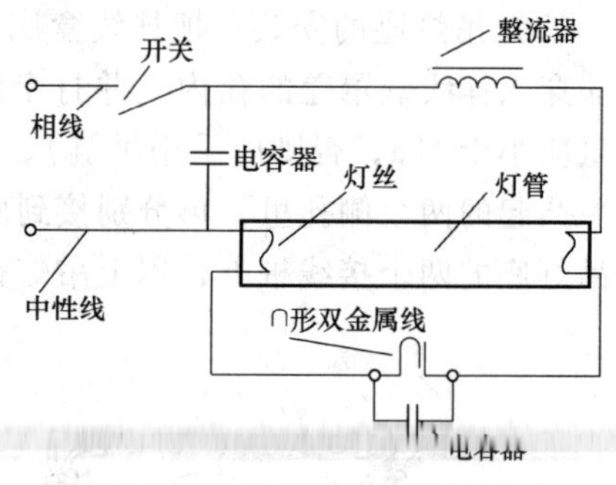

图 4-5　荧光灯的工作原理图

2. 荧光灯照明线路的安装

荧光灯照明线路中导线的敷设以及木台、接线盒、开关等照明附件的安装方法和要求与白炽灯照明线路基本相同，其接线装配方法如图 4-6 所示。应该注意的是，当整个荧光灯重量超过 1kg 时应采用吊链，载流导线不承受重力。

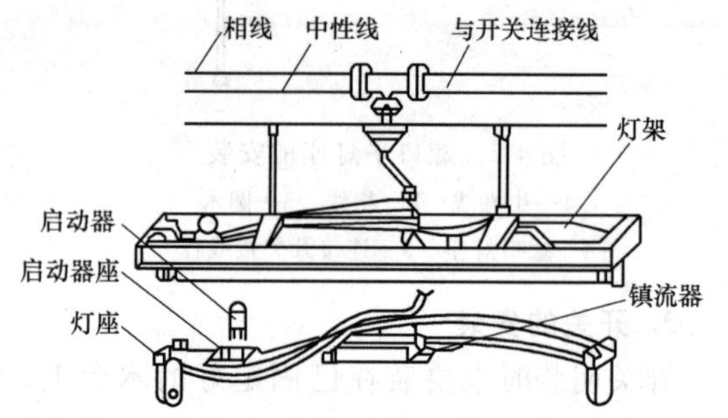

图 4-6　荧光灯照明线路的安装

4.6.4　电能表的安装要求

电能表板要装在干燥、无振动和无腐蚀气体的场所，表板的下沿离地一般不低于 1.3m；电能表表身应装得平直，不得出现纵向或横向倾斜。否则要影响计量的准确性。

电能表的安装方法主要是接线方法，关键是：电压线圈是并联在线路上的，电流线圈是串联在电路中。各种电能表的接线端子均按由左至右的顺序编号。单相有功电能表的接线端子，进出线有两种排列形式：一种是 1、3 接进线，2、4 接出线；另一种是 1、2 接进线，3、4 接出线。国产单相有功电能表统一规定采用前一种排列方式。具体接线时，应按电能表接线图进行连接。常用有功电能表的接线图如图 4-7 所示。电能表接线完毕，在通电前，应由供电部门把接线端子盒盖加铅封，用户不可擅自打开。

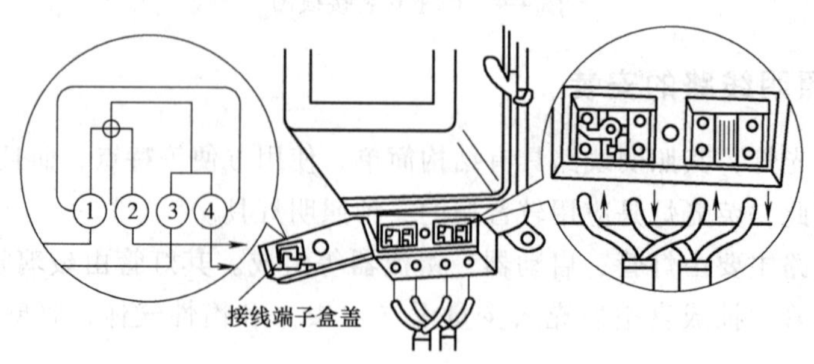

图 4-7　有功电能表接线图

4.6.5　断路器的安装

断路器又名自动开关，主要由触头系统、操作系统、各种脱扣器和灭弧装置等组成。断路器不仅可以人工操作接通和分断正常负载电流，而且具有在过载、过电流、短路、漏电等时自动切断电路的保护作用。断路器要立装在固定架上，入线在上，出线在下，不能倒装和平装。

实训项目5　焊接技能训练

5.1　学习要点

1）了解锡焊原理及电烙铁的结构。

2）熟练掌握电烙铁的使用方法。

3）掌握电子电路焊接技术。

5.2　任务描述

1）通过对电烙铁的拆装与维护实训，让学生了解电烙铁的组成结构，具备检测电烙铁好坏并对其进行维护的技能。

2）通过对调光台灯电路的焊接与调试，让学生具备对元器件进行熟练焊接的技能，具备调试整体电路的技能。

5.3　任务实施

5.3.1　检测并拆装一支20W的内热式电烙铁

任务内容：电烙铁拆装与维护。

1. 编制器材明细表

该实训任务所需器材见表5-1。

表5-1　电烙铁拆装与维护实训所需器材明细表

序　号	名　称	规　格	数　量	备　注
1	万用表	MF47型	1只	
2	内热式电烙铁	20W	1只	
3	尖嘴钳		1把	
4	镊子		1只	

2. 实施步骤

（1）电烙铁的检测与拆装

1）用万用表欧姆档“×100”档测量电烙铁的插头两端，此时测得的电阻为20W内热式电烙铁烙铁心的电阻。若测得的电阻为2～3kΩ，则电烙铁正常，是可以使用的；若电阻为无穷大或为零，则此时烙铁心被烧坏或烙铁心被短路，电烙铁不能正常使用。

2）若测出的电烙铁不能正常使用时，旋开木质手柄，可以看到导线连接在两接线柱上，而接线柱下端连接的就是烙铁心，更换新的烙铁心或者将短路或断路修正即可。

3）重新旋上手柄，再次用万用表检测电烙铁插头，用步骤1）方法再次检测判断电烙铁是否正常。

（2）电烙铁的维护

1）新的电烙铁在使用前，用锉刀锉一下电烙铁的尖头，接通电源后等一会儿烙铁头的颜色会变，证明电烙铁发热了，然后用焊锡丝放在电烙铁尖头上镀上锡，使电烙铁不易被氧化。

2）在使用中，应使烙铁头保持清洁，并保证电烙铁的尖头上始终有焊锡。若发现烙铁头无法蘸锡，则要及时用锉刀锉烙铁头，再用焊锡丝镀锡在烙铁头上面，从而保证电烙铁的使用。

3. 整理器材

实训完成后，整理好所用器材、工具，按照要求放置到规定位置。

5.3.2　元器件的焊接和拆焊

任务内容：在万能板或PCB板上进行元器件的焊接与拆焊训练。

1. 编制器材明细表

该实训任务所需器材见表5-2。

表5-2　元器件焊接和拆焊实训所需器材明细表

序　号	名　称	规　格	数　量	备　注
1	万用表	MF47型	1只	
2	内热式电烙铁	20W	1只	
3	万能板或PCB板		1块	
4	电阻和电容		若干	
5	吸锡器		1只	
6	镊子		1只	

2. 实施步骤

（1）焊接操作　在万能板或PCB板上进行元器件焊接练习，要求能熟练运用五步操作法焊接电阻、电容等基本元件，达到焊接要求（牢固、规范、整洁、美观）。

（2）拆焊操作　用电烙铁加热焊点，使焊点焊锡融化后用镊子将焊件引脚拔出，再用漆包线或针头对准焊点孔心，在焊点融化时使其穿过焊孔；或者用吸锡器在焊点焊锡融化时将多余的焊锡吸走，将焊件取下，从而露出干净的焊孔。

3. 整理器材

实训完成后，整理好所用器材、工具，按照要求放置到规定位置。

5.3.3　调光台灯电路的焊接与调试

任务内容：绘制工程电路原理图，编制器材明细表，绘制工程布局布线图，完成调光台灯电路的制作。

1. 绘制工程电路原理图

调光台灯电路原理图如图5-1所示。当交流电的正半周或负半周到来时，经过全波整流，加到晶闸管上的电源是单向的。该电压通过电位器给电容充电，当电容 C_1 上的电压达到一定数值后，就会触发晶闸管导通。调节电位器的旋钮，可以改变充电的时间，从而控制晶闸管的导通角。其中，双向晶闸管使用97A6，二极管使用1N4007，灯泡应选择60W以下的白炽灯。

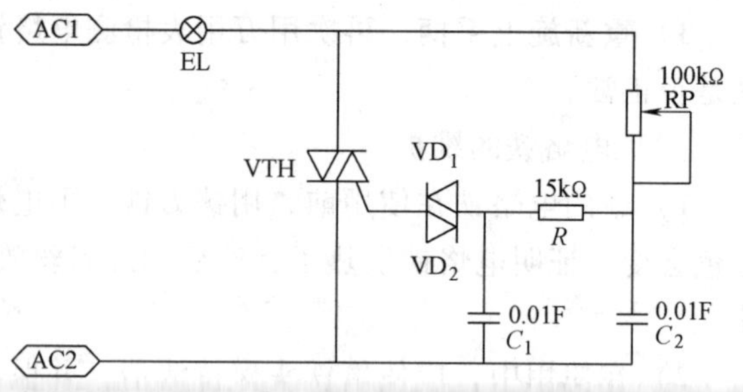

图 5-1　调光台灯电路原理图

2. 编制器材明细表

该实训任务所需器材见表5-3。

表 5-3　器材明细表

代　号	名　称	型　号	规　格	数　量	备　注
EL	白炽灯	E27	220V/40W	1只	
VTH	双向晶闸管	97A6	1A	1只	
R	电阻	RJ	15kΩ	1只	
RP	可变电阻器	RP	100kΩ	1只	
C_1、C_2	电容		0.01F	2只	
VD_1、VD_2	二极管	1N4007	2A	2只	

3. 器材质量检查与清点

检查各个元器件质量并清点数量。

4. 绘制工程布局布线图

电子电路试验制作可以在面包板上进行，只需要先画出布局构思，然后一并完成布局元件和布线焊接，如图5-2所示。如果是制作产品，则应该先设计制作PCB板，在PCB板上完成电路制作。

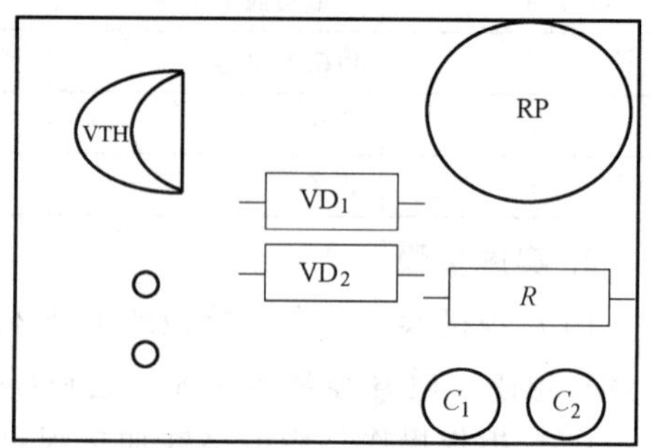

图 5-2　调光台灯布局图

5. 安装、焊接电路

用电烙铁将各元器件焊接到相应位置，焊接要细心，确保焊接质量。

6. 检查与验收

检查焊接元件是否到位，焊点有无漏焊、虚焊等现象，电路检查无误后，通电看是否能实现调光目的。

7. 整理器材

实训完成后，整理好所用器材、工具，按照要求放置到规定位置。

5.4　考核要点

1）能否正确使用电烙铁。

2）焊接技术是否掌握，焊接技能是否熟练，能否达到焊接要求（牢固、规范、整洁、美观）。

3）调光台灯电路安装是否正确，能否实现调光。

4）成绩评定。

根据以上考核要点对学生进行成绩评定，参见表5-4，给出该项目实训成绩。

表5-4 实训成绩评定表

实训项目内容	分值/分	考核要点及评分标准	扣分/分	得分/分
电烙铁的拆装与维护	20	不能用万用表测量电烙铁的好坏，扣10分		
		电烙铁拆装方法错误，扣5分		
		不能正确处理电烙铁头的表面，扣5分		
元器件的焊接和拆焊	30	焊剂使用不正确，扣5分		
		焊接方式不正确，扣10分		
		焊接质量差，出现虚焊、漏焊过多，每处扣5分		
		拆焊操作不正确，每处扣5分		
调光台灯制作	40	不能正确绘制工程电路原理图，扣10分		
		布局布线不规范，每处扣3分		
		元器件焊接不良，虚焊、漏焊每处扣5分		
		电路不能正常工作，扣20分		
安全、规范操作	5	每违规一次扣2分		
整理器材、工具	5	未将器材、工具等放到规定位置，扣5分		
学　时	4学时	综合成绩		

5.5 能力拓展

设计一个简单电子电路，并进行焊接制作，测试相关技术参数。

任务目标：设计一简单实用电路，绘制原理图，编制元器件明细表，并在万能板上用导线将其焊接成完整电路，并用仪表测量相关参数，检测焊接质量是否过关。

5.6 相关知识点

5.6.1 电烙铁的作用与分类

锡焊技术采用以锡为主的锡合金材料作焊料，在一定温度下焊锡熔化，金属焊件与锡原子之间相互吸引、扩散、结合，形成浸润的结合层。外表看来，印制电路板铜箔及元器件引线都是很光滑的，实际上它们的表面都有很多微小的凹凸间隙，熔流态的锡焊料借助于毛细管吸力沿焊件表面扩散，形成焊料与焊件的浸润，把元器件与印制电路板牢固地粘合在一起，而且具有良好的导电性能。

电烙铁是手工焊接的基本工具，其作用是加热焊接部分，融化焊料，使焊料和被焊金属连接起来。电烙铁一般分为外热式电烙铁、内热式电烙铁及恒温式电烙铁几类。

1. 外热式电烙铁

外热式电烙铁的外形如图 5-3 所示，它由烙铁头、烙铁心、外壳、手柄、电源线和插头等部分组成。

电阻丝绕在薄云母片绝缘的圆筒上，组成烙铁心，烙铁头安装在烙铁心里面，电阻丝通电后产生的热量传送到烙铁头上，使烙铁头温度升高，故称为外热式电烙铁。烙铁头插入烙铁心的深度直接影响烙铁头的表面温度，一般焊接体积较大的物体时，烙铁头插得深些，焊接小而薄的物体时可浅些。

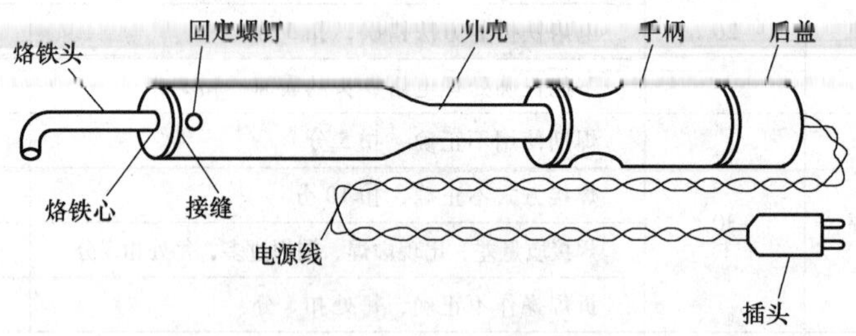

图 5-3　外热式电烙铁的外形

电烙铁的规格是用功率来表示的，常用的有 25W、75W 和 100W 等几种。功率越大，电烙铁的热量越大，烙铁头的温度越高。在焊接印制电路板组件时，通常使用功率为 25W 的电烙铁。

2. 内热式电烙铁

内热式电烙铁如图 5-4 所示。由于发热的烙铁心装在烙铁头里面，故称为内热式电烙铁。烙铁心是采用极细的镍铬电阻丝绕在瓷管上制成的，在外面套上耐高温的绝缘管。烙铁头的一端是空心的，它套在烙铁心外面，用弹簧来紧固。

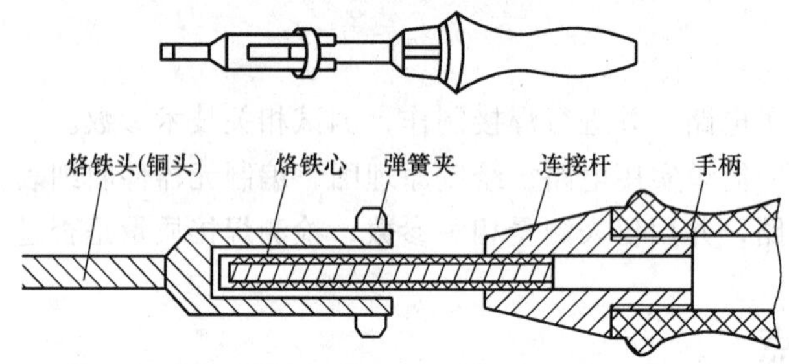

图 5-4　内热式电烙铁的外形

由于烙铁心装在烙铁头内部，热量能完全传到烙铁头上，发热快，热量利用率高达 85% ~ 90%，烙铁头部温度达 350℃左右。20W 内热式电烙铁的实用功率相当于 25 ~ 40W 的外热式电烙铁。内热式电烙铁具有体积小、重量轻、发热快和耗电低等优点，因而得到广泛应用。内热式电烙铁的使用注意事项与外热式电烙铁基本相同。由于其连接杆的管壁厚度只有 0.2mm，而且发热元件放在瓷管中，所以更应注意不要敲击，不要用钳子夹连接杆。

3. 恒温式电烙铁

恒温式电烙铁的种类较多，烙铁心一般采用 PTC 元件或电子控制电热元件，图 5-5 所示为其中一种恒温式电烙铁。此类型的烙铁头不仅能恒温，而且可以防静电、防感应电，能直接焊 CMOS 器件。

高档的恒温式电烙铁，其附加的控制装置上带有烙铁头温度的数字显示（简称数显装置），显示温度最高可达400℃。烙铁头带有温度传感器，在控制器上可由人工改变焊接时的温度。若改变恒温点，烙铁头很快就可达到新的设置温度。

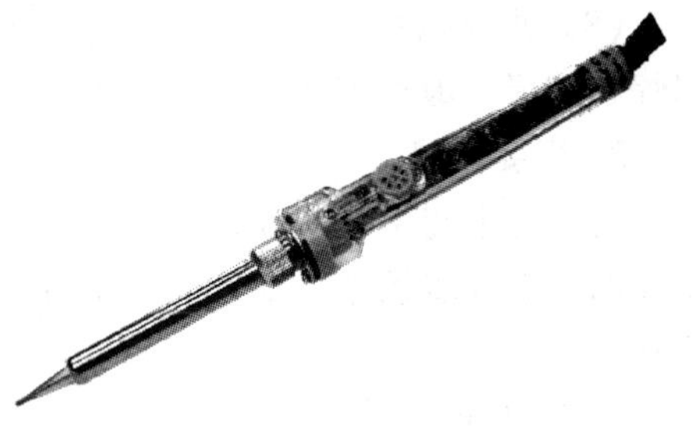

图5-5 恒温式电烙铁的外形

4. 电烙铁的使用注意事项

1）装配时必须用三线电源插头。一般电烙铁有3个接线柱，其中，一个较粗接线柱与烙铁壳相通，是接地端；另两个与烙铁心相通，接220V交流电压。电烙铁的外壳与烙铁心是不接通的，如果接错就会造成烙铁外壳带电，人触及烙铁外壳就会触电；若用于焊接，还会损坏电路上的元器件。因此，在使用前或更换烙铁心时，必须检查电源线与地线的接头，防止接错。

2）使用过程中不能任意敲击，应轻拿轻放，以免损坏电烙铁内部发热器件而影响其使用寿命。

3）使用时，应始终保持烙铁头头部挂锡。

4）焊接过程一般以2~3s为宜。焊接集成电路时，要严格控制焊料和助焊剂的用量。为了避免因电烙铁绝缘不良或内部发热器对外壳感应电压而损坏集成电路，实际应用中常采用拔下电烙铁的电源插头趁热焊接的方法。

5.6.2 手工焊接技术

1. 焊接要领

（1）焊前准备　焊前要将元器件引线刮净，最好是先挂锡再焊。对被焊件表面的氧化物、锈斑、油污、灰尘、杂质等要清理干净。

（2）焊剂要适量　使用焊剂的量要根据被焊面积的大小和表面状态适量施用。用量过少会影响焊接质量，过多会造成焊后焊点周围出现残渣，使印制电路板的绝缘性能下降，同时还可能造成对元器件和印制电路板的腐蚀。合适的焊剂量标准是既能润湿被焊物的引线和焊盘，又不让焊剂流到引线插孔中和焊点的周围。

（3）焊接的温度和时间要掌握好　在焊接时，为使被焊件达到适当的温度，并使固体焊料迅速熔化润湿，就要有足够的热量和温度。如果温度过低，焊锡流动性差，很容易凝固，形成虚焊；如果温度过高，将使焊锡流淌，焊点不易存锡，焊剂分解速度加快，使金属表面加速氧化，并导致印制电路板上的焊盘脱落。

（4）焊料的施加方法　焊料的施加方法可根据焊点的大小及被焊件的多少而定，如果焊点较小，最好使用焊锡丝，应先将烙铁头放在焊盘与元器件引脚的交界面上，同时对二者加热。当达到一定温度时，将焊锡丝点到焊盘与引脚上，使焊锡熔化并润湿焊盘与引脚。当刚好润湿整个焊点时，及时撤离焊锡丝和电烙铁，焊出光洁的焊点。

（5）焊接时被焊件要扶稳　在焊接过程中，特别是在焊锡凝固过程中不能晃动被焊元器件引线，否则将造成虚焊。

（6）撤离电烙铁的方法　掌握好电烙铁的撤离方向，可带走多余的焊料，从而能控制焊点的形成。电烙铁移开的方向以45°角为适宜。

（7）焊点的重焊　当焊点一次焊接不成功或上锡量不够时，要重新焊接。重新焊接时，必须等上次的焊锡一同熔化并熔为一体时，才能把电烙铁移开。

(8) 焊接后的处理　在焊接结束后，应将焊点周围的焊剂清洗干净，并检查电路有无漏焊、错焊、虚焊等现象。用镊子将每个元器件拉一拉，看有无松动现象。

2. 焊接步骤

对于一个初学者来说，一开始就掌握正确的手工焊接方法并养成良好的操作习惯是非常重要的，而五步操作法则是一种既简单又正确的焊接方法。手工焊接的五步操作法如图 5-6 所示。

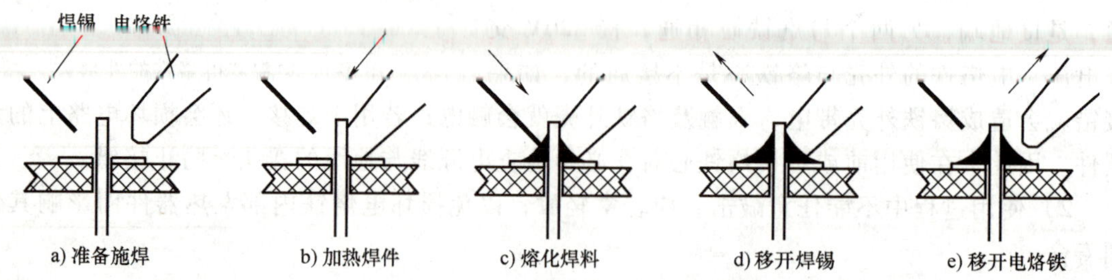

图 5-6　手工焊接五步操作法

(1) 准备施焊　将焊接所需材料、工具准备好，如焊锡丝、松香焊剂、电烙铁及其支架等。焊前对烙铁头要进行检查，查看其是否能正常“吃锡”。如果吃锡不好，就要将其锉干净，再通电加热并用松香和焊锡将其镀锡，即预上锡，如图 5-6a 所示。

(2) 加热焊件　加热焊件就是将预上锡的电烙铁放在被焊点上，如图 5-6b 所示，使被焊件的温度上升。烙铁头放在焊点上时应注意，其位置应能同时加热被焊件与铜箔，并要尽可能加大与被焊件的接触面，以缩短加热时间，保护铜箔不被烫坏。

(3) 熔化焊料　待被焊件加热到一定温度后，将焊锡丝放到被焊件和铜箔的交界面上（注意不要放到烙铁头上），使焊锡丝熔化并浸湿焊点，如图 5-6c 所示。

(4) 移开焊锡　当焊点上的焊锡已将焊点浸湿时，要及时撤离焊锡丝，以保证焊锡不至过多，焊点不出现堆锡现象，从而获得较好的焊点，如图 5-6d 所示。

(5) 移开电烙铁　移开焊锡后，待焊锡全部润湿焊点，并且松香焊剂还未完全挥发时，就要及时、迅速地移开电烙铁，电烙铁移开的方向以 45°角最为适宜，如图 5-6e 所示。如果移开的时机、方向、速度掌握不好，则会影响焊点的质量和外观。

完成这五步后，焊料尚未完全凝固以前，不能移动被焊件的位置，因为焊料未凝固时，如果相对位置被改变，就会产生虚焊现象。

3. 焊接要求

(1) 焊点要保证良好的导电性能　虚焊是指焊料与被焊件表面没有形成合金结构，只是简单地依附在被焊金属的表面上。虚焊用仪表测量很难发现，但却会使产品质量大打折扣，以至出现产品质量问题，因此在焊接时应杜绝产生虚焊。

(2) 焊点要有足够的机械强度　焊点要有足够的机械强度，以保证被焊件在受到振动或冲击时不至于脱落、松动。因此一般采用把被焊件的引线端子打弯后再焊接的方法。

(3) 焊点表面要光滑、清洁　为使焊点表面光滑、清洁、整齐，不但要有熟练的焊接技能，而且还要选择合适的焊料和焊剂。焊点不光洁表现为焊点出现粗糙、拉尖、棱角等现象。

(4) 焊点不能出现搭接、短路现象　如果两个焊点很近，很容易造成搭接、短路的现象，因此在焊接和检查时，应特别注意这些地方。

4. 焊接注意事项

1）由于焊丝成分中铅占一定比例，众所周知，铅是对人体有害的重金属，因此操作时应戴手套或操作后洗手，避免食入。

2）焊剂加热时挥发出来的化学物质对人体是有害的，如果在操作时人的鼻子距离烙铁头太近，则很容易将有害气体吸入。一般鼻子距烙铁的距离不小于30cm，通常以40cm为宜。

3）使用电烙铁要配置烙铁架，一般放置在工作台右前方，电烙铁用后一定要稳妥地放于烙铁架上，并注意导线等物不要碰烙铁头。

4）一般应选内热式20~35W或恒温式电烙铁，电烙铁的温度以不超过300℃为宜。烙铁头形状应根据印制电路板焊盘大小采用凿形或锥形。

5）加热时应尽量使烙铁头同时接触印制电路板上的铜箔和元器件引线。对较大的焊盘（直径大于5mm），焊接时可移动电烙铁，即电烙铁绕焊盘转动，以免长时间停留于一点，导致局部过热。

6）两层以上印制电路板的孔都要进行金属化处理。焊接时不仅要让焊料润湿焊盘，而且孔内也要润湿填充，因此，金属化孔的加热时间长于单层面板。

7）焊接时不要用烙铁头摩擦焊盘的方法增强焊料润湿性能，而要靠表面清理和预焊。

实训项目6　电工电子技术基本技能训练（一）

6.1　学习要点

1）掌握常用元器件的识别及检测方法。

2）掌握串联可调稳压电源电路的工作原理。

3）掌握串联可调稳压电源电路的安装、调试。

6.2　任务描述

通过制作串联可调稳压电源，让学生具备检测阻容元件、半导体器件好坏及极性判别的技能，具备安装、调试整体电路的技能。

6.3　任务实施

任务内容：绘制工程电路原理图，编制器材明细表，绘制工程布局布线图，完成串联可调稳压电源制作。

1. 绘制工程电路原理图

串联可调稳压电源的工作原理图如图6-1所示。

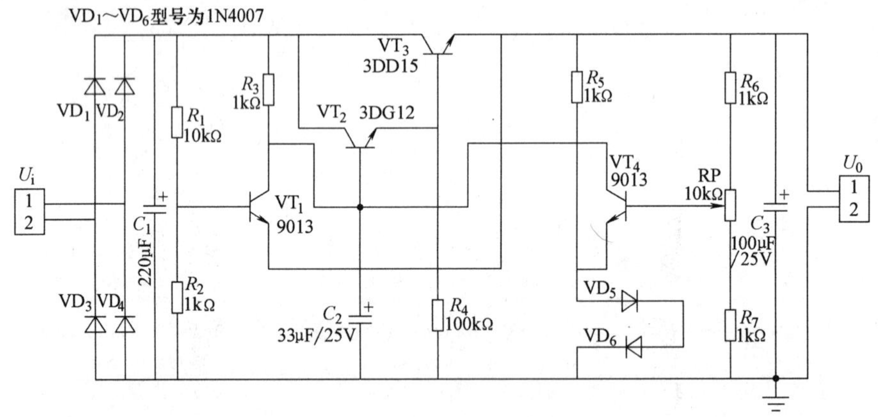

图6-1　串联可调稳压电源原理图

2. 编制器材明细表

该实训任务所需器材见表6-1。

表6-1　串联可调稳压电源制作实训所需器材明细表

代　号	名　称	型　号	规　格	总数量
VD_1 ~ VD_6	二极管	1N4007	N型	6

（续）

代　号	名　称	型　号	规　格	总数量
C_1	电解电容器	220μF	25V	1
C_2	极性电容器	33μF	25V	1
C_3	电解电容器	100μF	25V	1
$VT_1 \sim VT_4$	晶体管	9013	NPN 型	2
VT_2	晶体管	3DG12	NPN 型	1
VT_3	晶体管	3DD15	NPN 型	1
R_1	电阻	10kΩ	1/4W	1
$R_2 \sim R_3$、$R_5 \sim R_7$	电阻	1kΩ	1/4W	5
R_4	电阻	100kΩ	1/4W	1
FR—4	电路万能板	7cm×9cm		1
RP	可调电阻器	10kΩ		1

3. 器材质量检查与清点

1）用万用表欧姆档检查二极管正、反向电阻值是否在正常范围，估测出二极管的好坏，判别出二极管的电极。

2）用万用表检查晶体管的好坏，并识别出其 b、c、e 极。

3）检测电阻是否和标准值相符。

4）用万用表的“R×1k”档，检查电容器的好坏。

注意：测量大电容时要先将电容器放电，不然会损坏电表。

4. 绘制工程布局布线图

按串联可调稳压电源原理图布局绘制相应的 PCB 图如图 6-2 所示。

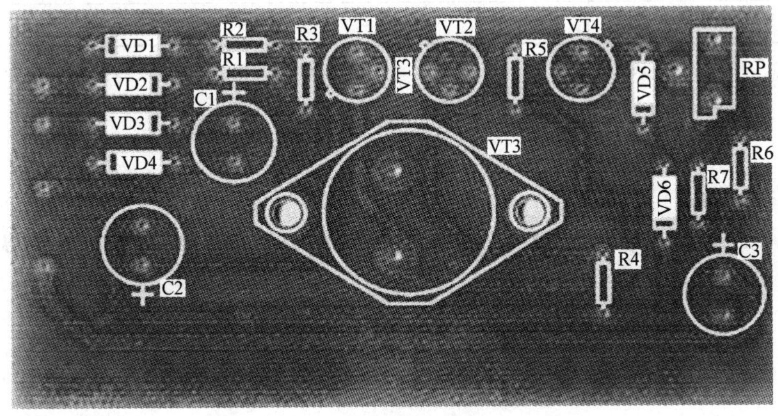

图 6-2　串联可调稳压电源 PCB 图

5. 安装、焊接电子元器件

在 PCB 上安装好各元器件并进行焊接，应注意各个元器件位置，引脚不要焊错。

6. 通电调试该电路

确认安装连接完整且接线无误后，接通 12V 交流电至 U_i 端（输入端），在 U_0 端（输出端）检查是否有 12V 电压输出。

1）调节输入端电压，测试输出端的电压，若有故障请排除。

2）调试保护电路的性能，测试过电流过电压保护功能，若有故障请排除。

7. 整理器材

实训完成后，整理好所用器材、工具，按照要求放置到规定位置。

6.4　考核要点

1. 电路板的安装工艺

是否按安装工艺进行安装，检查元器件及线路是否按规范连接，有无虚焊，是否做到安全、美观。

2. 电路板的调试与验收

稳压电源电路能否稳压工作，保护电路是否能实现工作原理，元器件使用是否正确。

3. 成绩评定

根据以上考核要点对学生进行成绩评定，参见表 6-2，给出该项目实训成绩。

表 6-2　实训成绩评定表

实训项目内容	分值/分	考核要点及评分标准	扣分/分	得分/分
电路板的安装工艺	40	未按安装工艺进行安装，每处扣 5 分		
		有虚焊，扣 15 分		
电路板的调试与验收	50	不能正确使用元器件，每处扣 5 分		
		不能实现保护电路的工作原理，扣 25 分		
安全、规范操作	5	每违规一次扣 2 分		
整理器材、工具	5	未将器材、工具等放到规定位置，扣 5 分		
学　时	4 学时	综合成绩		

6.5　能力拓展

功率放大器制作。

任务目标：设计一电路图，能够实现利用晶体管对音频信号进行功率放大，画出原理图、布局布线图、PCB 图。

6.6　相关知识点

6.6.1　二极管

1. 二极管的外形及图形符号

图 6-3 所示为常见二极管的外形及图形符号。

2. 二极管的检测

用万用表“R×100”或“R×1k”档测二极管正、反向电阻，根据二极管的单向导电

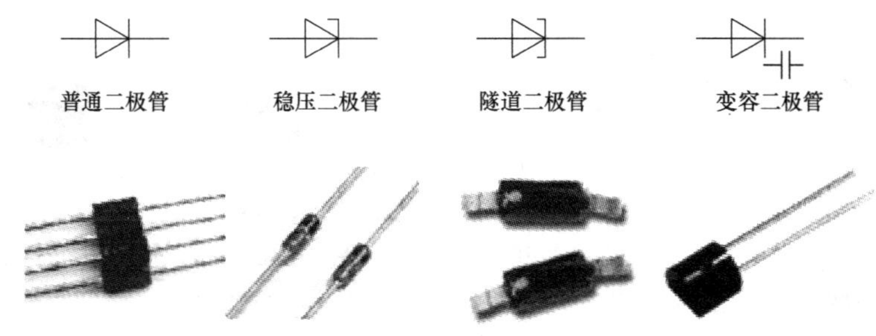

图 6-3 常见二极管的外形及图形符号

性可知，测得阻值小时与黑表笔相接的一端为正极；反之，为负极。若二极管的正、反向电阻相差越大，说明其单向导电性越好。

若二极管正、反向电阻都很大，则说明二极管内部开路；若二极管正、反向电阻都很小，则说明二极管内部短路。

注意：不能用“R×1”档（内阻小，电流太大）和“R×10k”档（电压高）测试，否则有可能会产生错误的测量结果。

6.6.2 晶体管

1. 晶体管的外形及图形符号

图 6-4 所示为晶体管的外形及图形符号。

2. 晶体管的检测

（1）晶体管类型和基极 b 的判别

将万用表置于“R×100”或“R×1k”档，用黑表笔碰触某一极，红表笔分别碰触另外两极，若两次测得的电阻都小（或都大），此时交换表笔，若两次测得的电阻值刚好相反，则黑表笔所接管脚为基极且为 NPN 型（或 PNP 型）。

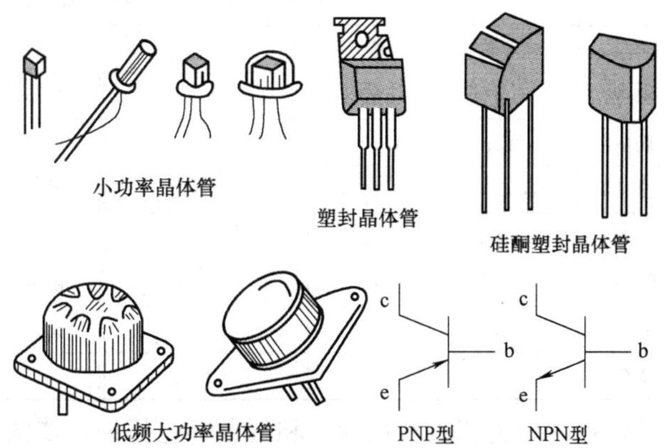

图 6-4 晶体管的外形及图形符号

（2）发射极 e 和集电极 c 的判别

若已判别出晶体管的基极和类型，任意设另外两个电极为 e、c 端，判别 c、e 时按图 6-5 所示进行。以 PNP 型管为例，将万用表红表笔假设接 c 端，黑表笔接 e 端，用潮湿的手指捏住基极 b 和假设的集电极 c 端，但两极不能相碰（潮湿的手指代替图中 100kΩ 的电阻 R）。

再将假设的 c、e 极互换，重复上面步骤，比较两次测得的电阻大小。测得电阻小的那次，红表笔所接的管脚是集电极 c，另一端是发射极 e。

注意：不能用“R×1”档（内阻小，电流太大）和“R×10k”档（电压高）测试，否则有可能测量错误。

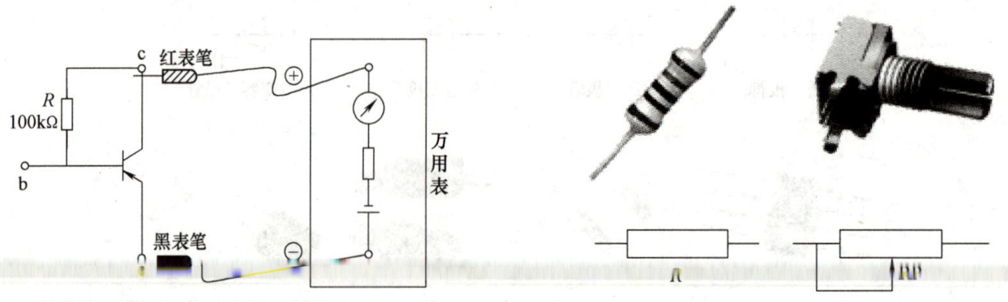

图 6-5　用万用表判别 PNP 型晶体管的 c、e 极　　　图 6-6　电阻器外形及图形符号

6.6.3　阻容元件

1. 电阻器

（1）外形及电路符号　电阻器是具有电阻特性的电子元件，是电子线路中应用最为广泛的元件之一，通常称为电阻。电阻器分为固定电阻器和可变电阻器（电位器），在电路中起分压、分流和限流等作用，其外形及图形符号如图 6-6 所示。

（2）电阻阻值的读取　电阻常用色标法标注标称阻值和允许误差。色标法是用色环代替数字在电阻器表面标出标称阻值和允许误差的方法。其优点是标志清晰，易于看清，而且与电阻的安装方向无关。电阻值色环颜色及允许误差对照表见表 6-3。

表 6-3　电阻值色环颜色及允许误差对照表

颜色	有效数字	倍率	允许误差（%）	颜色	有效数字	倍率	允许误差（%）
棕色	1	10^1	±1	灰色	8	10^8	—
红色	2	10^2	±2	白色	9	10^9	
橙色	3	10^3	—	黑色	0	10^0	—
黄色	4	10^4	—	金色	—	10^{-1}	±5
绿色	5	10^5	±0.5	银色	—	10^{-2}	±10
蓝色	6	10^6	±0.2	无色	—	—	±20
紫色	7	10^7	±0.1				

色标法分为四色环色标法和五色环色标法，如图 6-7 所示。

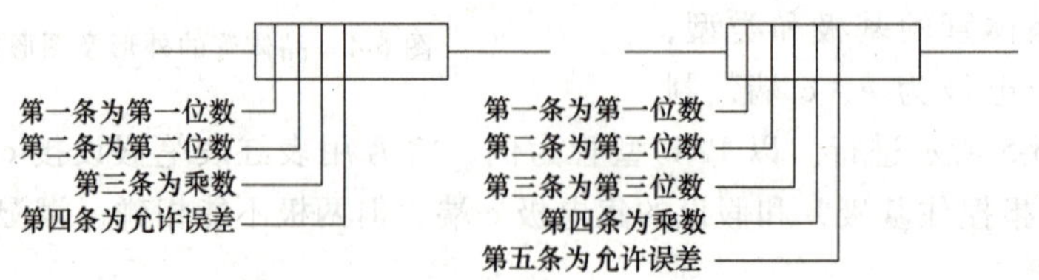

图 6-7　电阻器及四色环和五色环色标表示法

四色环色标法：四色环的前两条色环表示阻值的有效数字，第三条色环表示阻值倍率，第四条色环表示阻值允许误差范围。普通电阻器大多用四色环色标法来标注。

五色环色标法：五色环的前三条色环表示阻值的有效数字，第四条色环表示阻值倍率，第五条色环表示阻值允许误差范围。精密电阻器大多用五色环色标法来标注。

2. 电容器

（1）外形及电路符号　电容器是组成电路的基本元件之一，是一种储存电能的元件，在电子电路中起到耦合、滤波、隔直流和调谐等作用。电容器的外形及图形符号如图6-8所示。

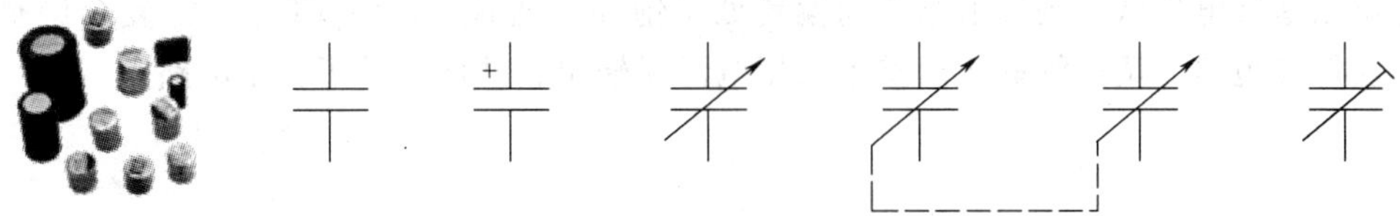

图6-8　电容器的外形及图形符号

（2）电容的检测

1）固定电容器的检测：用万用表“R×10k”或“R×1k”档，将表笔接触电容器的两引脚，表头指针很快向顺时针方向偏转，然后逐渐回到原来的无穷大位置，再将红、黑表笔对调重复测量，若结果相同，说明电容器漏电电流很小，电容器性能良好。

如果不能回到原来的无穷大位置，则稳定后的读数就是电容器的漏电电阻，阻值越大表明电容器的绝缘性能越好。

若检测过程中，表头指针无摆动，说明电容器开路；若表头指针向右摆动的角度大且不回复，说明电容器已击穿或严重漏电；若表头指针保持在0Ω附近，说明该电容器内部短路。

2）极性电容器的检测：根据极性电容器正向接入时，漏电流小、漏电阻大；反向接入时漏电流大、漏电阻小的特点，可判断极性电容器的极性，如图6-9所示。将万用表置“R×1k”档，先测电容器的漏电阻值，再将两表笔对调一下，再测一次漏电阻值。两次测试中，漏电阻小的一次，黑表笔接的是极性电容器的负极，红表笔接的是极性电容器的正极。

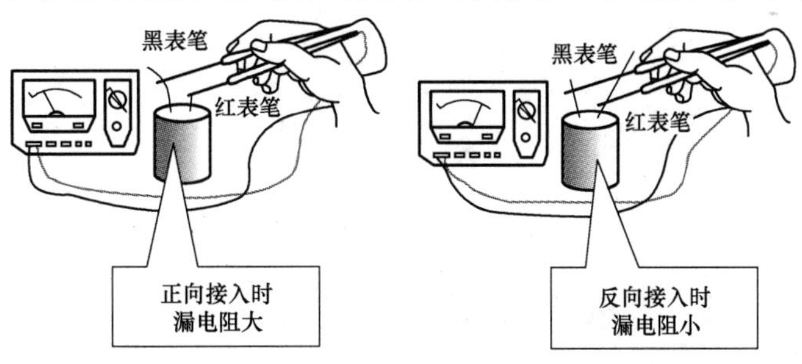

图6-9　极性电容器极性的判断

6.6.4　串联可调稳压电源的工作原理

串联可调稳压电源的工作原理如图6-1所示，12V交流电经VD_1～VD_4整流、C_1滤波，得到直流电送到稳压部分，稳压部分由VT_2、VT_3、VT_4、VD_5和VD_6等组成，VT_2、VT_3组成复合管构成调整管，晶体管集电极与发射极之间的电压叫管压降。调整管的管压降是可变的，相当于一个可变电阻，由于它的调整作用，使稳压电源的输出电压基本保持不变，VD_5、VD_6等构成基准电压，VT_4等组成比较放大器。

1）当220V电流或负载发生变化时，稳压电源输出U_o会发生变化，则有：

U_o↑（↓）→VT_4 的基极 U_b↑（↓）→U_c↓（↑）→VT_2 的基极 I_{b2}↓（↑）→VT_3 基极 I_{b3}↓（↑）→调整管 U_{ce}↑（↓）→U_o↓（↑），结果保持输出电压不变。

2）VT_1 等组成的电路是保护部分，在正常情况下，VT_4 的基极比发射极电位低，VT_4 处于截止状态，对电路不起作用。当输出端电压短路时，VT_4 发射极相当于和地端相接，发射极电位比基极电位低，则发射结正向偏置处于饱和导通状态，使 VT_2、VT_3 复合调整管的基极与发射极短路，调整管截止。整个稳压电源无输出，从而保护了整个电路。

实训项目7　电工电子技术基本技能训练（二）

7.1　学习要点

1）熟悉晶闸管的结构及工作原理。

2）掌握晶闸管整流技术。

3）掌握晶闸管调光电路的工作原理，完成电路制作。

7.2　任务描述

通过安装、调试晶闸管调光电路的实训，让学生具备检测晶闸管好坏及判别管脚的技能，并进一步熟练掌握电工电子技术基本技能。

7.3　任务实施

任务内容：绘制电路原理图，编制器材明细表，绘制布局布线图，完成晶闸管调光电路的制作。

1. 绘制电路原理图

晶闸管调光电路原理图如图7-1所示。

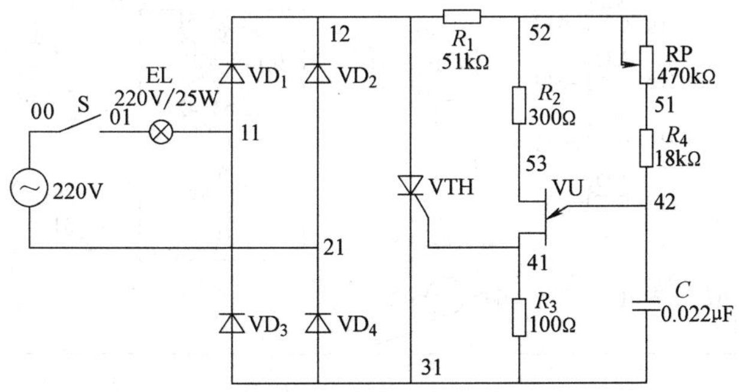

图7-1　晶闸管调光电路原理图

2. 编制器材明细表

该实训任务所需器材见表7-1。

表7-1　晶闸管调光电路器材明细表

代号	名称	型号	规格	总数量
VD_1 ~ VD_4	二极管	1N4007	N型	4
VTH	晶闸管	3CT	100-1000	1
VU	单结晶体管	BT-33		1

（续）

代号	名称	型号	规格	总数量
R_1	电阻	1/4W	51kΩ	1
R_2	电阻	1/4W	300Ω	1
R_3	电阻	1/4W	100Ω	1
R_4	电阻	1/4W	18kΩ	1
RP	电位器	[illegible]	470kΩ	1
C	涤纶电容	630V	0.022μF	1
EL	灯泡	220V	25W	1
	灯座			1
	安装用电路板			1

3. 器材质量检查与清点

1）用万用表欧姆档检查二极管正、反向电阻值是否在正常范围，估测出二极管的好坏，判别出二极管的电极。

2）用万用表检查晶体管的好坏，并识别出其 B、C、E 极。

3）用万用表检查晶闸管的好坏，并识别出其 A、K、G 极。

4）检测电阻是否和标准值相符。

5）用万用表的“R×1k”档，检查电容器的好坏。

注意：测量大电容时要先将电容器放电，不然会损坏电表。

4. 绘制布局布线图

晶闸管调光电路布局布线图如图 7-2 所示。

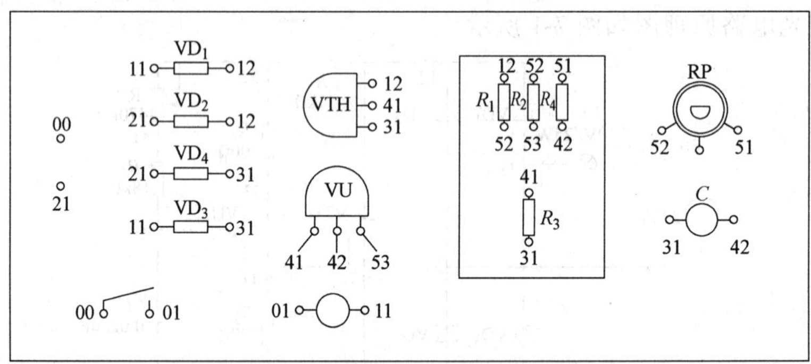

图 7-2　晶闸管调光电路布局布线图

5. 对照电路图安装晶闸管调光电路电路板

1）按电路图布局将相应的电子元器件插装到电路板上。

2）焊接各元器件。

3）待焊接完成后，用万用表检测各元器件之间是否连通。

6. 调试电路

1）检查无误后，经指导教师同意，通电调试。

2）调节电位器 RP，观察灯泡亮度的变化。

7. 整理器材

实训完成后，整理好所用器材、工具，按照要求放置到规定位置。

7.4　考核要点

1. 电路板的安装工艺

元器件之间连接是否符合焊接工艺要求，整个电路是否完整美观。

2. 电路板的调试与验收

检查无误通电后，调节电位器，灯泡是否有亮度的变化。

3. 成绩评定

根据以上考核要点对学生进行成绩评定，参见表7-2，给出该项目实训成绩。

表7-2　实训成绩评定表

实训项目内容	分值/分	考核要点及评分标准	扣分/分	得分/分
电路板的安装工艺	40	未按安装工艺进行安装，每处扣5分		
		元器件之间连接线路不规范，每处扣5分		
电路板的调试与验收	50	接通电路，灯泡不亮，扣20分		
		调节电位器灯泡亮度无变化，扣15分		
安全、规范操作	5	每违规一次扣2分		
整理器材、工具	5	未将器材、工具等放到规定位置扣5分		
学　时	4学时	综合成绩		

7.5　能力拓展

设计制作电动机晶闸管控制电路。

任务目标：设计一电路，实现利用晶闸管来控制电动机的转速，列出元器件明细表，并绘制原理图、布局布线图。

7.6　相关知识点

晶闸管旧称可控硅，是闸流晶体管的简称，它是一种功率半导体器件，具有体积小、重量轻、耐高压、容量大、效率高、控制特性好、寿命长、使用维护简单等一系列优点。

晶闸管的结构、外形及图形符号如图7-3所示。晶闸管是由三个PN结组成的一个四层三端的半导体器件，它有三个电极：由外层P区引出的电极称为阳极A，外层N区引出的电极称为阴极K，中间P区引出的电极称为门极G（又称控制极）。

7.6.1　晶闸管整流技术

晶闸管导通的条件：阳极承受正向电压，同时在门极加正向触发电压，即可使处于阻断状态的晶闸管导通。门极所加正向触发脉冲的最小宽度，应能使阳极电流达到维持通态所需

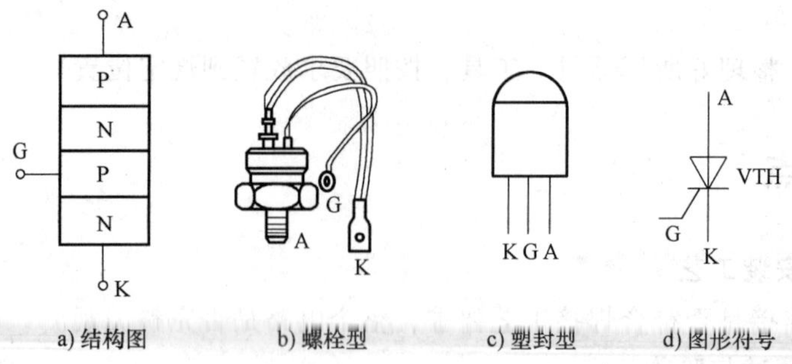

a) 结构图　b) 螺栓型　c) 塑封型　d) 图形符号

图 7-3　晶闸管结构、外形及图形符号

要的最小阳极电流。导通后的晶闸管管压降很小。

晶闸管是一种大功率的整流器件，它的整流电压可以控制。在整流电路中，当供给整流电路的交流电压一定时，晶闸管在承受正向电压的时间内，改变触发脉冲的输入时刻，即改变触发延迟角的大小，在负载上可得到不同数值的直流电压，从而控制输出电压的大小。

7.6.2　晶闸管的检测

普通晶闸管有三个电极，即阳极、阴极和控制极。采用万用表测量极间电阻的方法，可以判断其好坏及管脚。

1. 好坏的判别

选择万用表“R×100”档，测量普通晶闸管阳极与阴极间正反向电阻值。普通晶闸管正常的正反向电阻值都应在几百千欧以上，若只有几欧或几十欧，则说明晶闸管已短路损坏。

选择万用表“R×10”档或“R×1”档，测量普通晶闸管门极与阴极间正反向电阻值。门极与阴极间的正向电阻应很小（几十欧），反向电阻应很大（几十至几百千欧）。但有时由于门极 PN 结特性并不太理想，反向不完全呈阻断状态，故有时测得的反向电阻不是太大（只有几千欧或几十千欧），这并不能说明门极特性不好。测试时，如果门极与阴极间的正反向电阻都很小（接近零）或都很大，则说明晶闸管已损坏。

2. 管脚的判别

对于普通晶闸管，只有门极与阴极之间是一个 PN 结，具有正向导通、反向阻断特性。利用这个特性，选择万用表“R×1k”档，任意测量两个管脚的正反向电阻，当有两个管脚之间的电阻很小时，黑表笔所接管脚便为门极，红表笔所接管脚为阴极，剩下的一个管脚便是阳极。

实训项目8　低压电器的检修技能训练

8.1　学习要点

1）熟悉常用低压电器的种类及各自的工作原理。

2）掌握交流接触器的内部结构、组成及工作原理。

3）掌握交流接触器的拆装流程及注意事项。

4）掌握交流接触器的检修方法。

8.2　任务描述

1）通过对交流接触器的拆装实训，让学生了解其基本结构，并具备对常用低压电器进行拆装的技能。

2）通过对交流接触器的检修实训，让学生初步具备对常用低压电器进行检修的技能。

8.3　任务实施

任务内容：交流接触器的拆装与检修。

1. 编制器材明细表

该实训任务所需器材见表8-1。

表8-1　交流接触器的拆装器材明细表

代号	名称	型号	规格	总数量
KM	交流接触器	LC1—K0910Q7	AC380V	
	万用表	MF—47		1
	兆欧表	ZC25—4	1000V	1

2. 实训步骤

（1）拆卸

1）卸下灭弧罩紧固螺钉，将灭弧罩取下。

2）拉紧主触头定位弹簧夹，取下主触头及主触头压力弹簧片。拆卸主触头时必须将主触头侧转45°后再取下。

3）松开常开辅助静触头的线桩螺钉，将常开辅助静触头取下。

4）松开接触器底部的盖板螺钉，取下盖板。在松盖板螺钉时，要用手按住螺钉并慢慢放松。

5）取下静铁心缓冲绝缘纸片及静铁心。

6）取下静铁心支架及缓冲弹簧。

7）拔出线圈接线端的弹簧夹片，将线圈取下。

8）取下反作用弹簧。

9）取下衔铁和支架。

10）从支架上取下动铁心定位销。

（2）检修

1）检查灭弧罩有无破裂或烧损，清除灭弧罩内的金属飞溅物和颗粒。

2）检查触头的磨损程度，磨损严重时应更换触头。若不需更换，则清除触头表面上烧毛的颗粒。

3）清除铁心端面的油垢，检查铁心有无变形及端面接触是否平整。

4）检查触头压力弹簧及反作用弹簧是否变形或弹力不足。如果有必要，则更换弹簧。

5）检查电磁线圈是否有短路、断路及发热变色现象。

（3）装配　按拆卸的逆顺序进行装配。

（4）自检　用万用表欧姆档检查线圈及各触头是否良好，用兆欧表测量各触头间及主触头对地电阻是否符合要求；用手按动主触头检查运动部分是否灵活，以防产生接触不良、振动和噪声。

3. 拆装与检修注意事项

1）拆卸过程中，应备有盛放零件的容器，以免丢失零件。

2）拆装过程中不允许硬撬，以免损坏电器。装配辅助静触头时，要防止卡住动触头。

3）接触器应固定在控制板上，并有教师监护，以确保用电安全。

4）通电校验过程中，要均匀、缓慢地改变调压变压器的输出电压，以使测量结果尽量准确。

5）调整触头压力时，注意不得损坏接触器的主触头。

4. 整理器材

实训完成后，整理好所用器材、工具，按照要求放置到规定位置。

8.4　考核要点

1. 低压电器的拆装

是否按规范完成交流接触器的拆装。

2. 低压电器的检修

是否按规范完成交流接触器的检修。

3. 成绩评定

根据以上考核要点对学生进行成绩评定，参见表8-2，给出该项目实训成绩。

表8-2　实训成绩评定表

实训项目内容	分值/分	考核要点及评分标准	扣分/分	得分/分
低压电器质量判别	50	不能判断分合信号同电路状态匹配，扣5分		
		不能综合判断交流接触器的质量好坏，扣15分		

（续）

实训项目内容	分值/分	考核要点及评分标准	扣分/分	得分/分
低压电器拆装与检修	40	拆卸步骤不符合要求，每步扣 5 分		
		检修中有疏忽地方，每处扣 5 分		
安全、规范操作	5	每违规一次扣 2 分		
整理器材、工具	5	未将器材、工具等放到规定位置扣 5 分		
学　时	4 学时	综合成绩		

8.5　能力拓展

低压电器维修。

任务目标：以继电器为维修对象，完成对继电器的拆卸、故障排查、故障维修、重新装配，并制定出相应的维修操作规则。

8.6　相关知识点

低压电器是指额定电压等级在交流 1200V、直流 1500V 以下的电器。在我国工业控制电路中，最常用的三相交流电压等级为 380V，只有在特定行业环境中才用其他电压等级，如煤矿井下的电钻用 127V、运输机用 660V、采煤机用 1140V 等。低压电器种类繁多，功能各样，构造各异，用途广泛，工作原理各不相同。

8.6.1　开关电器

开关是利用触头的闭合和断开在电路中起通断、控制作用的电器。常用的低压电器开关如图 8-1 所示。

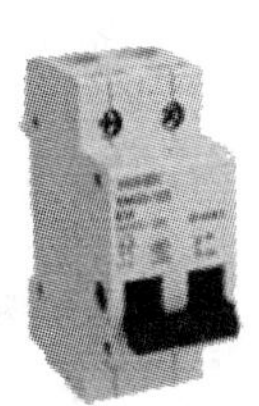

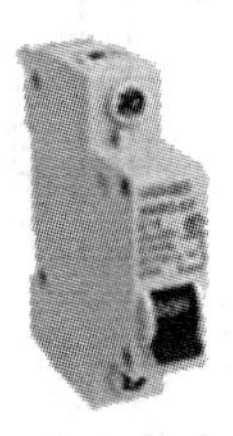

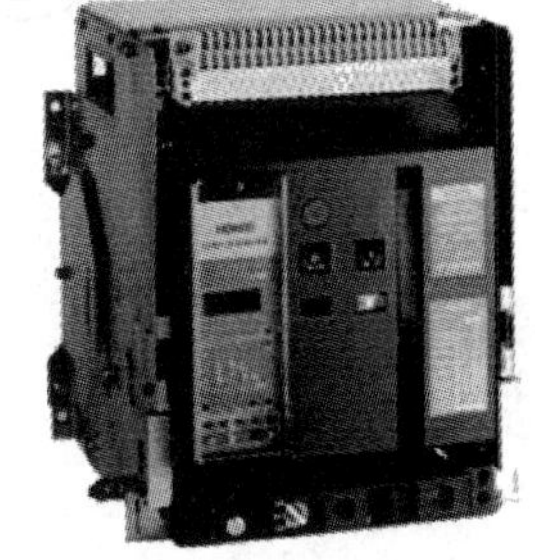

图 8-1　常用的低压电器开关

1. 刀开关

刀开关是一种隔离开关，主要用于供配电线路中起电源隔离作用。刀开关没有灭弧装置，不能操作带大负荷的线路，只能操作空载线路或电流很小的线路。操作时应注意，停电时，应先将线路的负荷电流用断路器、负荷开关等切断，然后再将隔离开关断开，送电时操作顺序相反。隔离开关断开时有明显的断开点，有利于检修人员的停电检修工作。隔离开关由于控制负荷能力很小，也没有保护线路的功能，通常不能单独使用，一般要和能切断负荷电流和故障电流的电器（如熔断器、断路器和负荷开关等）一起使用。

刀开关一般由刀片（动触头）、刀座（静触头）、绝缘底座、手柄、绝缘外壳等构成。刀开关安装时要求在合闸状态下手柄应该向上，不能倒装和平装，以防止闸刀松动时误合闸。接线时电源进线应接在刀座上（上端），而负载则接在刀片下端。刀开关按照转换方式可分为单投刀开关和双投刀开关。

（1）单投刀开关　单投刀开关按极数分为1极、2极和3极等几种，其结构及图形符号如图8-2所示。

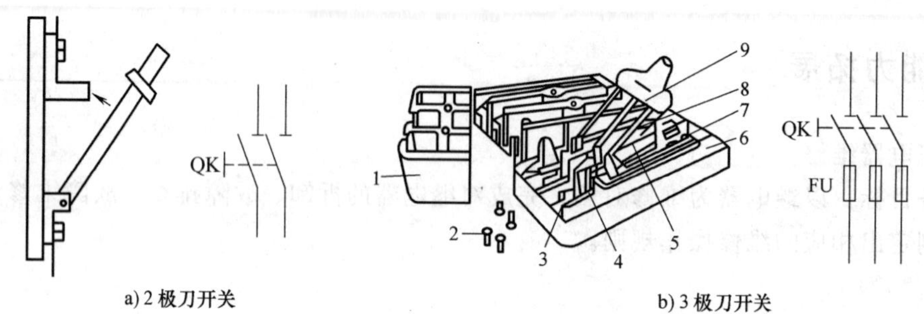

图8-2　单投刀开关的结构和图形符号

1—胶盖　2—螺钉　3—进线座　4—静触头　5—熔丝　6—瓷座
7—出线座　8—动触头　9—瓷手柄

（2）双投刀开关　双投刀开关也称转换开关，其作用和单投刀开关类似，常用于双电源的切换或双供电线路的切换等，其结构及图形符号如图8-3所示。

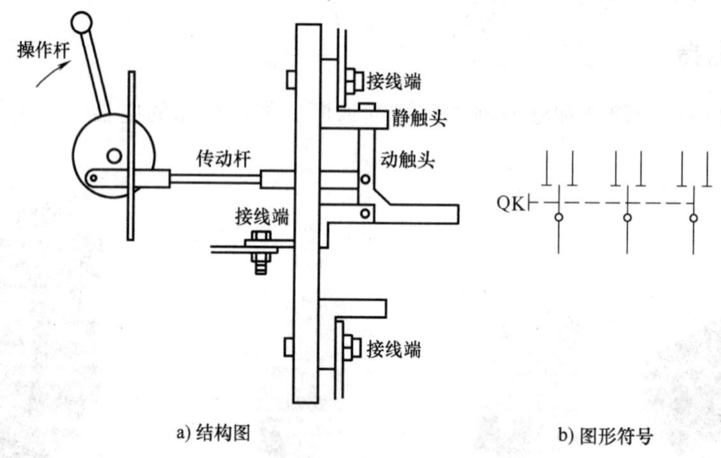

图8-3　双投刀开关的结构及图形符号

2. 封闭式负荷开关

封闭式负荷开关又叫铁壳开关，由刀开关、熔断器、灭弧装置、操作机构和金属外壳等构成，其结构及图形符号如图8-4所示。

1）操作机构中装有机械联锁：当盖子打开时手柄不能合闸；手柄合闸时盖子不能打开，这样能保证操作安全。

2）操作机构中，在手柄、转轴和底座之间装有速断弹簧，使刀开关的接通和断开的速

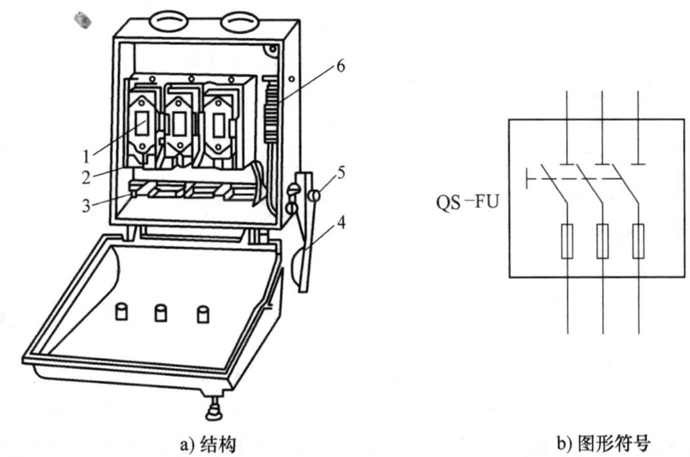

a) 结构　　b) 图形符号

图 8-4　封闭式负荷开关的结构与图形符号

1—熔断器　2—静夹座　3—动触头　4—手柄　5—转轴　6—速断弹簧

度与手柄的操作速度无关，这样有利于迅速灭弧。

3）使用时，外壳应可靠接地，防止意外漏电造成触电事故。

3. 组合开关

组合开关也称转换开关，其结构和图形符号如图 8-5 所示。

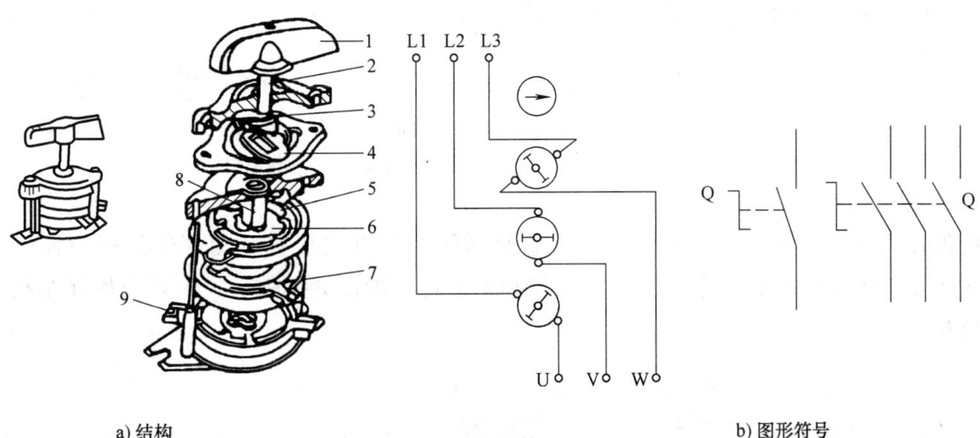

a) 结构　　b) 图形符号

图 8-5　组合开关的结构和图形符号

1—手柄　2—转轴　3—弹簧　4—凸轮　5—绝缘板　6—动触头　7—静触头　8—绝缘杆　9—接线端

图 8-5a 所示的组合开关有三对静触片，每个触片的一端固定在绝缘底板上，另一端伸出盒外，连在接线柱上。三个动触片套在装有手柄的绝缘轴上，转动手柄就可以使三个动触片同时接通或断开。

4. 低压断路器

低压断路器又名自动开关，主要由触头系统、操作系统、各种脱扣器和灭弧装置等组成，其结构和图形符号如图 8-6 所示。

低压断路器不仅可以接通和分断正常负载电流、电动机工作电流和过载电流，而且还可以接通和分断短路电流，具有过载、过电流、短路、断相、漏电等保护作用。

5. 按钮

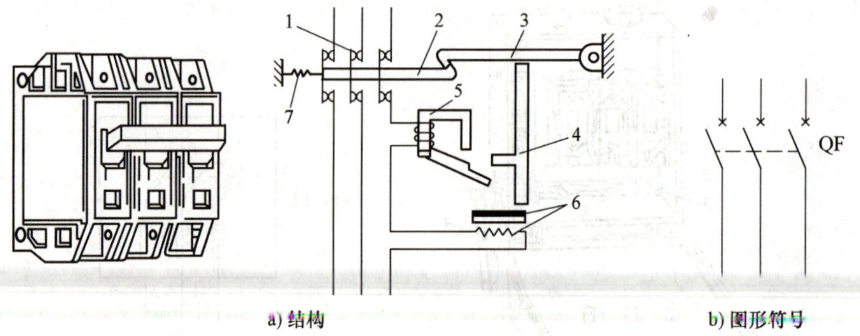

a) 结构　b) 图形符号

图 8-6　低压断路器的结构和图形符号

1—主触头　2、3—自由脱扣器　4—保护杆　5—过电流脱扣器　6—热脱扣器　7—弹簧

按钮的结构和图形符号如图 8-7 所示，主要由按钮帽、复位弹簧、桥式动触头、静触头和外壳等组成。

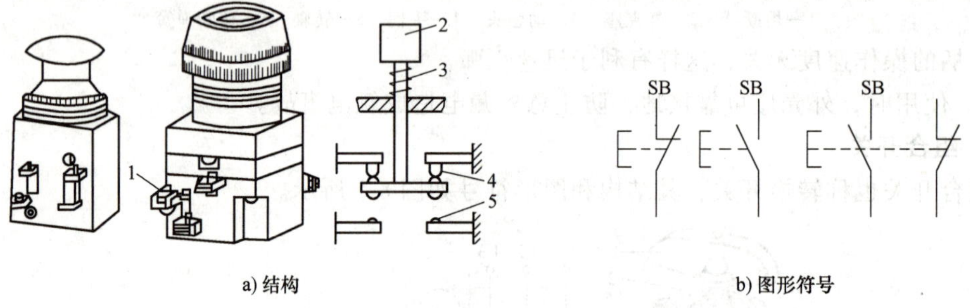

a) 结构　b) 图形符号

图 8-7　按钮的结构和图形符号

1—外壳　2—按钮帽　3—复位弹簧　4—动触头　5—静触头

6. 行程开关

行程开关也称位置开关或限位开关，它是利用生产机械某些运动部件的碰撞使触头动作，从而发出控制指令的主令电器。其结构和图形符号如图 8-8 所示，主要由操作结构、触头系统和外壳构成。

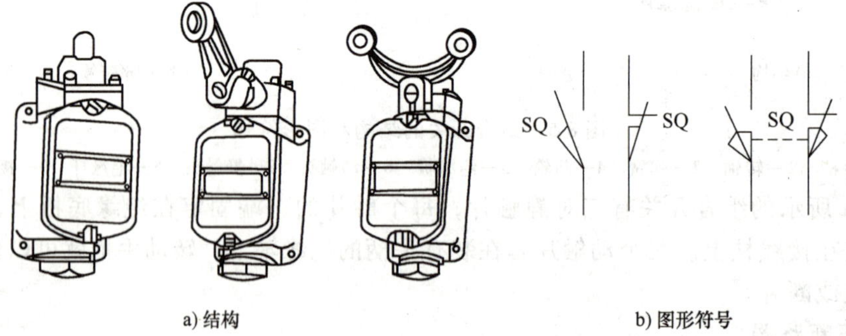

a) 结构　b) 图形符号

图 8-8　行程开关的结构和图形符号

8.6.2　熔断器

熔断器是一种简单而有效的保护电器，它串联在电路中主要起短路保护作用。

熔断器的主要元件是熔体，一般用电阻率较高的易熔合金制成，熔体大多被装在各种样式的外壳里面，组成所谓的熔断器，其结构及图形符号如图 8-9 所示，常见类型有管式、插入式、螺旋式等几种。

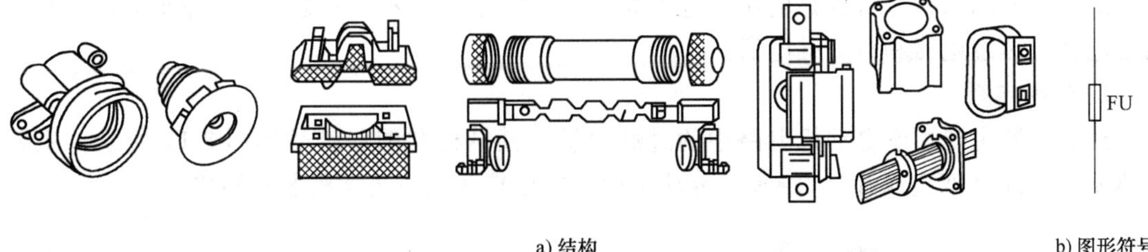

图 8-9　熔断器的结构和图形符号

熔断器的工作原理是，当线路正常工作时，流过熔体的电流小于或等于它的额定电流，熔断器的熔体不会熔断；一旦发生短路或严重过载，熔体会因过热而熔断，自动切断电路。

8.6.3　交流接触器

1. 交流接触器的主要结构

交流接触器的结构和图形符号如图 8-10 所示，主要由电磁系统、触头系统和灭弧装置组成。

1）电磁系统：主要由线圈、铁心及衔铁组成。

2）触头系统：触头是有触头电器的执行部件，用来接通和断开电路。

3）灭弧装置：当触头分断大电流电路时，会在动、静触头间产生强烈的电弧，此时必须采用灭弧装置来迅速熄灭电弧。

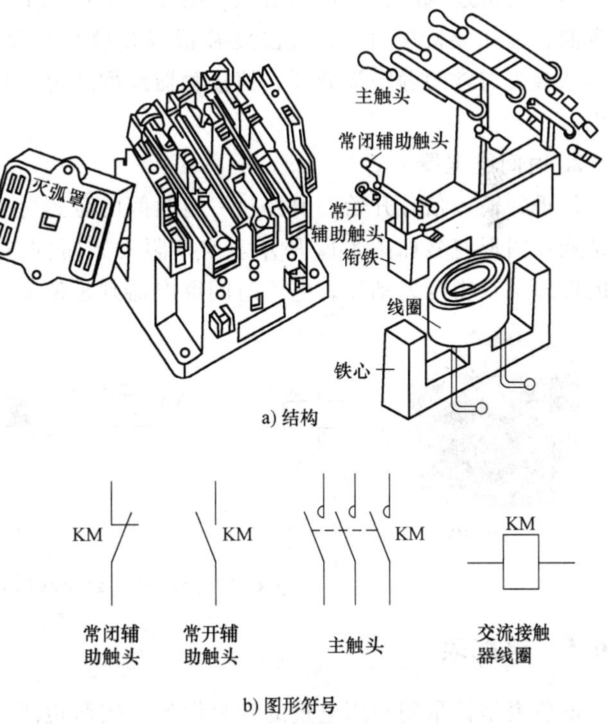

图 8-10　交流接触器的结构和图形符号

2. 交流接触器的工作原理

当接触器的线圈通电后，线圈中流过的电流产生磁场，使铁心产生足够大的吸力，克服反作用弹簧的反作用力，将衔铁吸合，通过传动机构带动常开主触头和常开辅助触头闭合，常闭辅助触头断开。当接触器线圈断电或电压显著下降时，由于电磁吸力消失或过小，衔铁在反作用弹簧的作用下复位，带动各触头恢复到原始状态。

8.6.4　继电器

继电器是一种传递信号的电器，通过信号的变化接通和断开电路，以完成控制和保护任务。继电器的输入信号可以是电压、电流等电量，也可以是热、速度、压力等非电量。常用的继电器有热继电器和时间继电器。

1. 热继电器

热继电器主要用于电动机电路中的过载保护，其结构和图形符号如图 8-11 所示，主要由热驱动元件（双金属片）、触头、传动机构、复位按钮及电流调整装置构成。

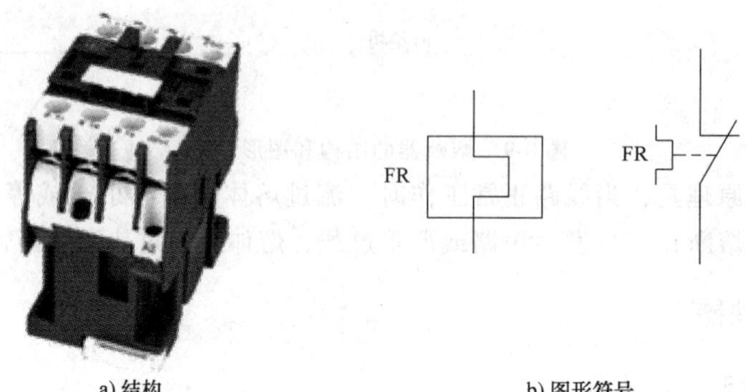

a) 结构　　b) 图形符号

图 8-11　热继电器的结构和图形符号

当电动机过载时，流过电阻丝的电流超过热继电器的整定电流，电阻丝发热，主双金属片弯曲，推动导板移动，通过温度补偿双金属片推动推杆绕轴转动，从而推动触头系统动作，动触头与常闭静触头分开，使接触器线圈断电，接触器主触头断开，将电源切除起保护作用。

2. 时间继电器

从得到输入信号开始，要经过一定时间的延迟才会输出信号的继电器称为时间继电器，其结构和图形符号如图 8-12 所示。空气阻力式时间继电器是利用气囊中的空气通过小孔节流的原理来获得延迟动作，电子时间继电器则是依靠电子延迟电路实现延迟动作。

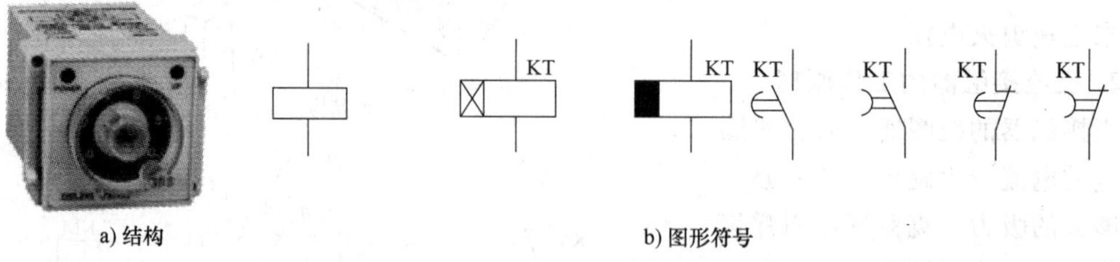

a) 结构　　b) 图形符号

图 8-12　时间继电器的结构和图形符号

8.6.5　电能表

电能表是计量用户用电量的计量设备，按照检测方式不同可以分为机械式电能表与电子式电能表两类。

传统的电能表主要就是机械式电能表，主要由电压线圈、电流线圈、铝盘、永久磁铁、计数器等器件构成，如图 8-13 所示。

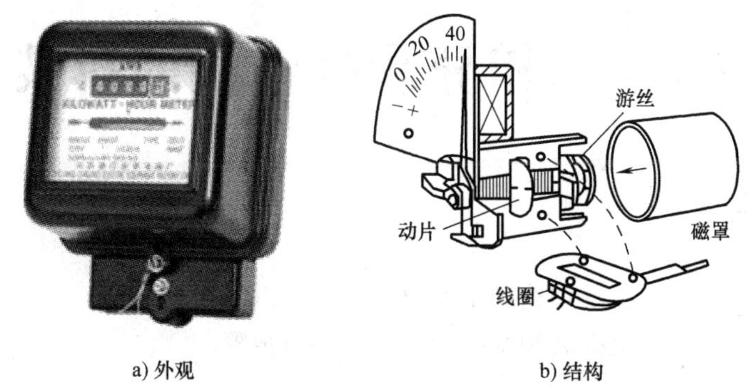

a) 外观　　b) 结构

图 8-13　电能表的外观和结构

电能表是利用电磁感应原理工作的。电能表通电后在电流线圈和电压线圈之间产生电磁场，铝盘受到电磁场的作用产生转动的力矩，形成转动进而使计数器计数。当通过电能表的电流电压增强时，电磁场增强，铝盘转速增大，计数速度加快。

电子式电能表是近年来开始使用的新型电能表，这种电能表是用分压电阻或电压互感器将电压信号变成可以进行电子测量的小信号，用分流器或电流互感器将电流信号转变成可测量的小信号，利用专用电能测量芯片将转换后的电流和电压信号进行处理，并通过数显装置进行显示。

实训项目9　三相异步电动机的拆装与维护

9.1　学习要点

1）熟悉小型异步电动机的结构和工作原理。

2）掌握小型异步电动机拆装和维护的基本方法与步骤。

9.2　任务描述

1）通过对三相异步电动机的拆装实训，让学生了解其基本结构，并具备规范拆装电动机的技能。

2）通过对三相异步电动机的维护实训，让学生初步具备判断三相异步电动机异常状况，并针对异常进行维护的技能。

9.3　任务实施

任务内容：三相异步电动机的拆装与维护。

1. 器材明细表

该实训任务所需器材见表9-1。

表9-1　三相异步电动机拆装与维护所需器材明细表

代　　号	名　　称	型　　号	规　　格	总数量
M	异步电动机	J02	0.6kW	1
	万用表	MF—47		1
	兆欧表	ZC25—4	1000V	1
	钳形电流表	UT201	400A	1

2. 三相异步电动机的拆卸步骤

1）三相异步电动机拆卸前应做好标记。

①　标记电源线在接线盒的接线位置，以免弄错电源相序。

②　标记联轴器与轴台的距离。

③　标记机座在基础上的详细位置。

④　标记引出线入口位置等。

2）拆卸联轴器或带轮。

首先要在联轴器或带轮的轴伸端做好尺寸标记，再将联轴器或带轮上的定位螺钉或销子取出，装上拉具，对准电动机轴端的中心，转动丝杠，把联轴器或带轮慢慢拉出。在拆卸过程中，不能用锤子或坚硬的东西直接敲击联轴器或带轮，以防碎裂和变形，必要时应垫上木板或使用紫铜棒。

3）拆卸风罩和风扇。

拆卸风罩螺钉后，即可取下风罩，然后松开风扇的锁螺钉或定位销子，用木锤或紫铜棒在风扇四周均匀地轻轻敲击，风扇就可以松脱下来。风扇一般是用铝或塑料制成的，比较脆弱，因此在拆卸时切忌用锤子直接敲打。

（4）拆卸轴承盖和端盖　把轴承外盖的螺栓卸下，拆开轴承外盖。为了便于装配时复位，应在端盖与机座接缝处做好标记，松开端盖紧固螺栓，然后用铜棒或用锤子垫上木板均匀敲打端盖四周，使端盖松动后取下。再松开另一端的端盖螺栓，用木锤或紫铜棒轻轻敲打轴伸端，就可以把转子和后端盖一起取下，往外抽转子时要注意不能碰到定子绕组。

（5）抽出转子　木棒沿前端盖四周移动，同时用锤子击打木棒，卸下前端盖，抽出转子时，应小心谨慎，动作缓慢，不可歪斜，以免碰擦定子绕组。

（6）拆卸轴承　拆卸轴承，目前常采用拉具拆卸、铜棒拆卸、放在圆筒上拆卸、加热拆卸、轴承盖内拆卸几种方法，下面简单介绍三种方法。

1）拉具拆卸法。

这是最方便的一种拆卸方法，而且不易损坏轴承和转轴。使用该方法拆卸轴承时，应根据轴承的大小选择适宜的拉具，将拉具的脚爪扣在轴承内圈上，拉具丝杠的顶尖对准转子轴的中心孔，慢慢扳转丝杠，用力要均匀，丝杠与转子应保持在同一轴线上。

2）铜棒拆卸法。

用直径18mm左右的黄铜棒，一端顶住轴承内圈，用锤子敲打其另一端。敲打时要在轴承内圈四周对称轮流均匀地敲打，用力不要过猛，可慢慢向外拆下轴承，应注意不要碰伤转轴。

3）轴承盖内拆卸法。

拆卸电动机端盖内的轴承时，可使端盖缺口面向上，平放在两块铁板或一个孔径稍大于轴承外圈的铁板上，上面用一段直径略小于轴承外圈的金属棒对准轴承，用锤子轻轻敲打金属棒，将轴承敲出。

3. 三相异步电动机的装配

1）清洗轴承和其他零件。

2）装轴承。

3）装后端盖。

4）安装转子，不得碰擦定子绕组。

5）安装前端盖。

6）安装风罩、电源线。

7）电动机检测：检测传动装置、绝缘电阻以及各相绕组通断接触情况。

4. 三相异步电动机的拆装注意事项

1）安装前必须清洁定、转子铁心及绕组，检查气隙、风道及其他空隙有无杂物。

2）认真清洗轴承，检查是否松动。滚珠轴承润滑油应加至与滚珠相平为限，润滑油过多，在运转过程中反而会造成温升过高。

3）任何紧固螺钉的拆装都必须均匀交替进行，所有螺钉必须全部装完。

4）任何敲打，锤子都不得直接打在机件上，中间必须垫上铜板或厚木板。

5）必须严格保持工作地点、零部件、工具和手的清洁，不得将污物、泥沙带进电动机内。

5. 整理器材

实训完成后，整理好所用器材、工具，按照要求放置到规定位置。

9.4 考核要点

1. 三相异步电动机维护前的观察与结论

在进行维护前，必须认真观察电动机的运转状况，根据出现的现象来判断运行异常的原因，从而得出有关故障的结论。

2. 三相异步电动机的拆装

主要考查三相异步电动机拆装过程中的步骤是否按要求执行。

3. 成绩评定

根据以上考核要点对学生进行成绩评定，参见表9-2，给出该项目实训成绩。

表9-2　实训成绩评定表

实训项目内容	分值/分	考核要点及评分标准	扣分/分	得分/分
维护前的观察与结论	50	不能判断电动机出现状况的原因，扣10分		
		不能依据状况类型得出故障结论，扣10分		
三相异步电动机的拆装	40	拆卸步骤不符合要求，每步扣5分		
		装配中步骤不符合要求，每处扣5分		
安全、规范操作	5	每违规一次扣2分		
整理器材、工具	5	未将器材、工具等放到规定位置扣5分		
学　时	4学时	综合成绩		

9.5 能力拓展

小型三相异步电动机的绕线、嵌线。

任务目标：以本项目中的三相异步电动机相关理论知识为基础，对小型三相异步电动机的定子绕组进行绕线、嵌线，并总结出绕线的过程工艺及注意事项。

9.6 相关知识点

9.6.1 三相异步电动机的结构和工作原理

1. 三相异步电动机的结构

三相异步电动机主要由定子和转子两大部分组成，定子和转子之间留有空隙的部分称为气隙，一般为0.25～2mm。三相笼型异步电动机的结构如图9-1所示。

（1）定子　电动机的静止部分称为定子，主要有定子铁心、定子绕组和机座等部件，

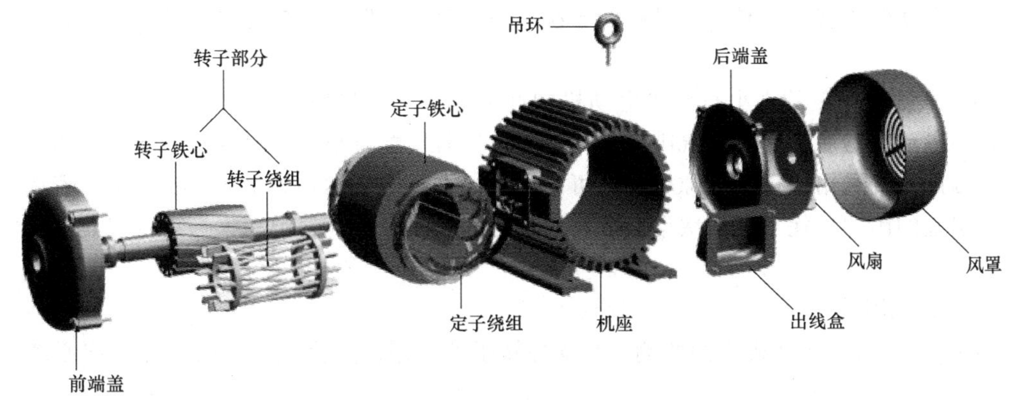

图 9-1　三相笼型异步电动机的结构

其结构如图 9-2 所示。

1）定子铁心。定子铁心是电动机磁路的一部分，并要放置定子绕组。为了减小定子铁心中的损耗，铁心一般使用厚 0.35 ~ 0.5mm、表面有绝缘层的硅钢片冲片叠装而成。在铁心片的内圆冲有均匀分布的槽，以嵌放定子绕组。

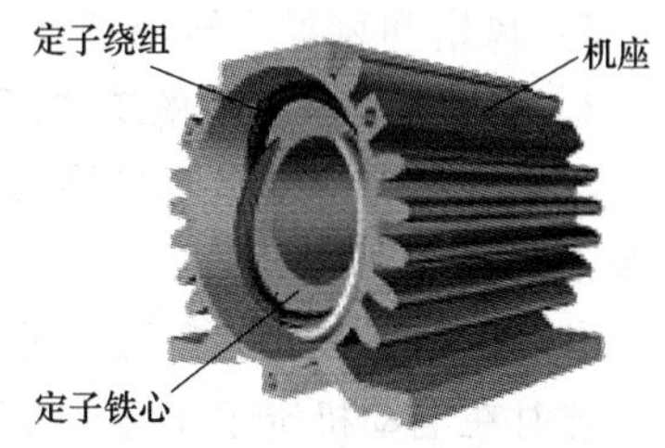

图 9-2　三相异步电动机定子结构图

2）定子绕组。定子绕组的作用是通入三相对称交流电，产生旋转磁场。小型异步电动机定子绕组通常用高强度漆包线绕制成线圈后再嵌放在定子铁心槽内，大、中型电动机则用经过绝缘处理后的铜条嵌放在定子铁心槽内。为了保证绕组正常工作，绕组对铁心、绕组间和绕组匝间必须可靠绝缘。定子绕组在槽内嵌放完毕后，按规律接好线，把三相绕组的六个出线端引到电动机机座的出线盒内，可按需要将三相绕组接成星形或三角形，如图 9-3 所示。

3）机座。机座的作用是固定定子铁心，并以两个端盖支撑转子，同时保护整台电动机的电磁部分和散发电动机运行中产生的热量，所以封闭式电动机的机座外面有散热壳以增加散热面积。为了使电动机搬运方便，电动机机座上装有吊环。

（2）转子　转子是电动机的旋转部分，由转子铁心、转子绕组、转轴及风叶等组成。

1）转子铁心。转子铁心也是电动机磁路的一部分，一般用 0.5mm 厚且相互绝缘的硅钢片冲制而成，在硅钢片的外圆冲有均匀分布的槽，以嵌放转子绕组。

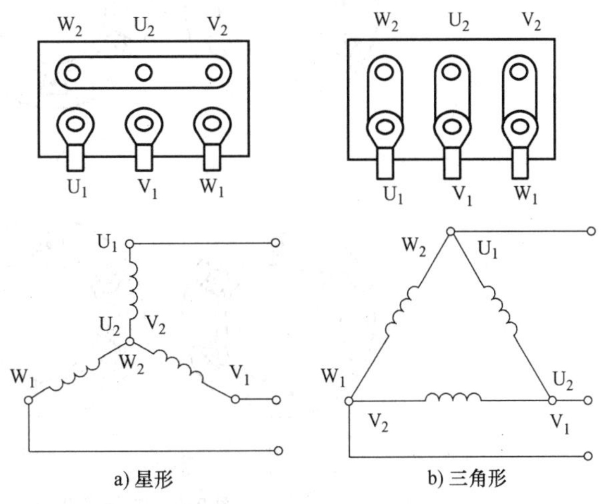

图 9-3　定子三相绕组的接线方法

2）转子绕组。转子绕组的作用是产生感应电动势和电流，并在旋转磁场的作用下产生电磁转矩而使转子转动。异步电动机转子绕组一般是用短路环做成笼形，所以又称笼型异步电动机。

(3) 气隙　气隙的大小对异步电动机的性能有很大的影响。为了降低电动机的空载电流和提高电动机的功率因数，气隙应尽可能小。但若气隙过小，则易导致装配困难和运行不可靠，因此允许采用的最小气隙受加工可能及机械安全所能达到的最小值所限制。若从磁场脉振所引起的附加损耗及因高次谐波磁场所引起的漏磁来看，气隙稍大一点也有其有利的一面。

(4) 其他附件

1) 端盖：端盖装在机座的两侧，起支撑转子的作用，并满足定、转子之间同心度的要求。

2) 轴承和轴承盖：轴承转轴转动，一般采用滚动轴承以减小摩擦。轴承内注有润滑油脂，为防润滑油脂溢出，加装内、外轴承盖。

3) 风扇和风罩：转轴带动风扇一起转动，冷却电动机。风罩起保护风扇的作用。

2. 三相异步电动机的工作原理

电动机的定子绕组可以接成星形或三角形，接线改变可以通过在出线盒中改变接线柱的连接方式实现。

电动机定子三相绕组按要求接好后，接入三相对称电源，三相绕组内通入三相对称电流，这时在电动机定子中会产生旋转磁场。转子绕组将切割磁力线产生感应电动势，并在闭合的转子绕组内产生感应电流，旋转磁场与感应电流相互作用产生电磁转矩而使电动机运转起来，如图 9-4 所示。根据三相异步电动机的转动原理知，只要将出线盒中接线柱的连接方式改变，就可以改变其转动方向。

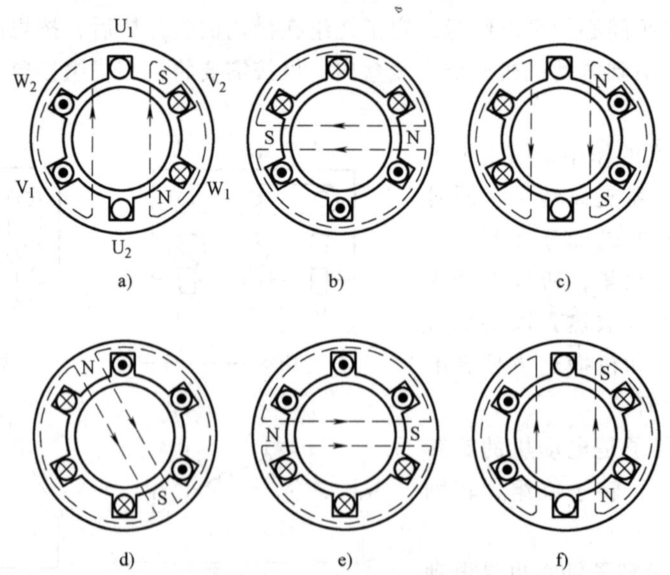

图 9-4　三相异步电动机转动原理

3. 三相异步电动机的参数

使用电动机时，使用条件必须满足电动机铭牌上的各项参数，否则电动机将不能正常工作或被烧毁。三相异步电动机的铭牌参数见表 9-3。

表 9-3　三相异步电动机的铭牌参数

三相异步电动机					
型号	J02	功率	0.6kW	电压	380V
电流	1.62A	频率	50Hz	转速	1380r/min
接法	Y	工作方式	连续	绝缘等级	E
产品编号	* * * * *	重量	17kg	防护形式	IP44 封闭
* * 电机厂			* 年 * 月		

9.6.2　三相异步电动机的检测方法

1. 电动机不能起动

1）电动机不转且没有声音。

初步判断为电源或者绕组有两相或两相以上断路。首先检查电源是否有电压，如果三相电压平衡，那么故障在电动机本身，可检测电动机三相绕组的电阻，寻找出断线的绕组。

2）电动机不转但有嗡嗡声。

测量电动机接线柱，若三相电压平衡且为额定电压值，可初步判断是严重过载。先去掉负载，若这时电动机的转速与声音正常，则可以判定过载或者负载机械部分有故障；若仍然不转动，可用手转动一下电动机轴，如果很紧或转不动，再测三相电流，若三相电流平衡，但比额定值大，说明电动机的机械部分被卡住，可能是电动机缺油、轴承锈死、损坏严重、端盖或者油盖装得太斜、转子和内膛相碰（称为扫膛，即当用手转动电动机轴到某一角度时，感到比较吃力或听到周期性的嚓嚓声，可判断为扫膛）等原因。

3）电动机转速慢且有嗡嗡声。

用电流表测量运转电流，若测得一相电流为零，而另两相电流大大超过额定电流，说明是缺相运转，可能是电路或者电源一相断路，或电动机绕组一相断路。小容量的电动机可以用万用表直接测量是否通断，中等容量的电动机由于绕组大多采用多根导线并绕多支路并联，其中若断掉若干根导线或断开一条并联支路时检查起来就比较麻烦，这样的情况通常采用相电流平衡法或者电阻法。电阻法用电桥测量三相绕组的电阻，如三相电阻相差百分之五以上，电阻较大的一相为断路相。

经验证明，电动机的断路故障多数发生在绕组的端部、接头处或引出线的地方，往往可以应急修复。

2. 电动机起动时熔断器熔断或者热继电器断开

首先检查熔断器或热继电器规格是否选择得过小，保护动作过分敏感。如果不是，则说明绕组对地绝缘被破坏，或有相间短路、线间短路。

1）接地故障的检测方法

用兆欧表检测电动机绕组对地的绝缘电阻，当绝缘电阻低于 0.2MΩ 时，说明电动机严重受潮。用万用表电阻档或校验灯逐步检查，如果电阻较小或者校验灯较暗说明该相绕组严重受潮，需要烘干处理；如果电阻为零或者校验灯接近正常亮度，那么该相已经接地了。绕组接地一般发生在电动机出线孔、电源线的进线孔或绕组伸出槽口处，若发现接地并不严重，可将竹片或绝缘纸插入定子铁心与绕组之间，如经检查已不接地，可包扎并涂绝缘漆后继续使用。

2）绕组相间短路故障的检测。

绕组短路情况有线间短路和相间短路。利用兆欧表或者万用表检查任意两相间的绝缘电阻，若在0.2MΩ以下或为零，则说明是相间短路（检查时应将电动机引线的所有连线拆开）。

3）绕组线间短路的检测。

分别测量三相绕组的电流，电流大的为短路相；用短路探测器检查绕组间的短路；用电桥测量三相绕组电阻，电阻小的为短路相。

3. 电动机起动后转速低于额定转速

若几台电动机同时出现这样的问题，一般是供电电网电压过低。

若一台电动机起动有嗡嗡声并有些振动，则要检查其定子绕组是否存在一相断电，可测量三相电流是否平衡；有嗡嗡声但不转动，应检查三相电压是否太低。

若空载后电动机转速正常，而加载后转速降低，则可以判断为负载机械故障或电动机机械故障。首先将电动机空载起动，如转速正常，可将电动机加上轻载，如转速低下来，说明负载机械部分有卡住现象。若负载机械部分没有故障，电动机转速不见降低，可使电动机在额定负载范围内运转，若电动机转速下降，给人一种带不动的感觉，那就证明电动机有故障。故障原因可能是：误将三角形联结的电动机接成星形联结，转子断条，轴承损坏等。

4. 电动机振动

电动机通过传动机构与机械相连，电动机振动可导致机械振动，机械振动也会使得电动机振动。先将电动机和机械传动部分分开，再起动电动机，若振动消除则说明是机械故障，否则是电动机振动。振动的原因可能有：电动机机座不牢，电动机与被驱动的机械部分的转轴不同心，电动机转子旋转的平衡被破坏，电动机轴弯曲，带轮轴偏心，转子多处断条，轴承损坏，电磁系统不平衡，电动机扫膛等。

5. 电动机运转时有噪声

故障分电动机的机械部分故障和电磁部分故障，区分方法：先使电动机通电运行，仔细听运转的声音，然后停电，让电动机借惯性继续运行，若这时不正常的声音消失，则说明是电动机电磁方面的故障，否则是电动机机械方面的故障。

（1）机械噪声

1）轴承发出的噪声。可能是轴承钢珠破损，润滑油太少，这时，将一螺钉旋具头部顶在轴承油盖的外面，柄部附耳旁，可听到咕噜咕噜的声音。

2）空气摩擦产生的噪声。这种声音很均匀，不是很强烈，可判断为正常。

3）电动机扫膛引起的噪声。这种噪声的特点是有嚓嚓的声音，对于刚修过的电动机，运行时若发现有噪声，可检查电流是否平衡，转动是否灵活，转速是否达到额定转速，如无以上问题，可能是定子槽内绝缘纸或竹屑突出于槽口外，致使转子与其相摩擦，这时声音的特点是既尖又高。

4）转子和定子长度配合不好。转子长度指一个轴承到另一个轴承的距离，定子长度指从一个轴承室到另一个轴承室的距离。正常情况下，定子长度比转子长度略长一点，如相差太多，可能出现一种低沉的“嗡”声。

（2）电磁噪声

1）转子轴向移位。这种移位也可能发生电磁噪声，而且造成空载电流增大，电动机的电磁性能降低。

2）定子、转子槽数配合不当。可能是由于装配过程中错装了另外的转子。

3）定子转子间气隙不均匀。可能是由于定子、转子失圆，也可能是轴有轻微的弯曲等。

此外，电动机绕组缺相、匝间短路、相间短路、过载运行等均能引起电磁噪声。

6. 电动机温升过高或绕组烧毁

常见的原因有：被驱动的机械卡住，周围环境温度过高，传动带过紧，电源电压过高或过低，电动机端部线圈间的间隙及铁心通风孔堵住，风扇损坏等。正反转的次数过于频繁，使电动机经常工作在起动状态下，也往往引起温升过高，甚至烧毁绕组。

实训项目 10　三相异步电动机的开关直接起动控制

10.1　学习要点

1）了解三相异步电动机起动的控制方法。

2）掌握三相异步电动机开关直接起动控制电路的原理。

3）掌握三相异步电动机开关直接起动控制电路的安装。

10.2　任务描述

通过对三相异步电动机开关直接起动控制电路的连接与调试实训，让学生掌握三相异步电动机直接起动的方法，具备规范布局、布线、安装、调试控制电路的技能。

10.3　任务实施

任务内容：绘制工程电路原理图，编制器材明细表，绘制工程布局布线图，完成三相异步电动机开关直接起动控制电路的安装与调试。

1. 绘制工程电路原理图

三相异步电动机的直接起动控制电路原理图如图 10-1 所示。

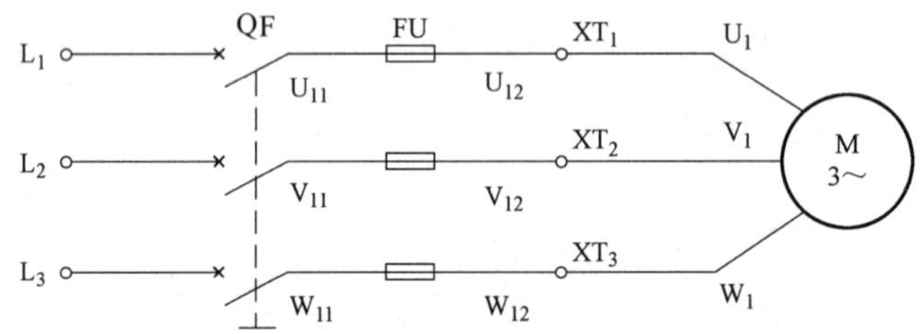

图 10-1　三相异步电动机的直接起动控制电路原理图

2. 编制器材明细表

该实训任务所需器材见表 10-1。

表 10-1　器材明细表

代　　号	名　　称	型　　号	规　　格	数　　量
QF	低压断路器	DZ108—20/10—F	脱扣器整定电流 0.63 ~ 1A	1 只
FU	螺旋式熔断器	RL1—15	配熔体 3A	3 只
M	三相笼型异步电动机	DJ—24	380V（Y）	1 台
L	导线	BVR	1.0	若干米

3. 器材质量检查与清点

各器材在使用前需要进行清点与检查。

1）用万用表电阻档检测低压断路器、螺旋式熔断器能否正常使用，如发现损坏应及时更换。

2）用万用表电阻档分别测试三相笼型异步电动机三个绕组的直流电阻，三个电阻值应基本相等；用兆欧表测试各绕组之间、绕组与外壳之间的绝缘电阻，绝缘电阻应该高于2MΩ。

3）将电动机以星形联结方式进行接线。

4. 绘制工程布局布线图

图10-2所示是三相异步电动机直接起动控制的布局布线图。该图为示意图，各个器件形状采取外形相似图，用标准符号表明器件名称。布线信息可用电路节点标号标注而不用画出具体导线。

在该项目实训中，绘制布局布线图时切记应注意结合实际实验装置，根据电路所需器件，规划合理的布局布线图。布局时要综合考虑，导线尽可能短，器件分布均匀，排列整齐美观，方便布线，交叉布线少等。

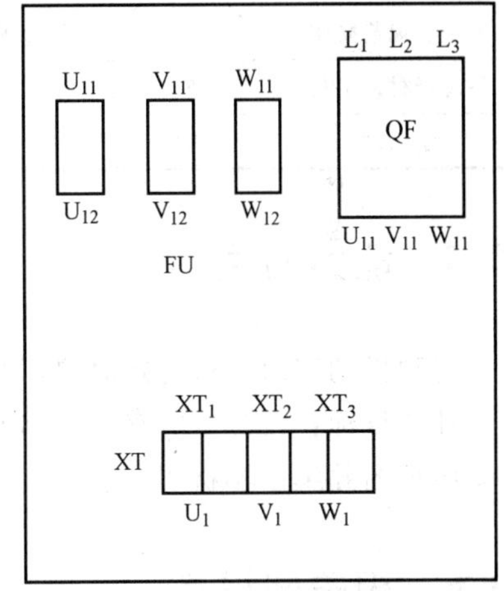

图10-2　三相异步电动机的直接起动控制布局布线图

5. 安装、敷设电路

1）根据图10-2在控制板上安装固定对应器件。

2）在控制板上按布局布线图进行布线，各导线套上编码套管。

3）检查安装电动机，注意电动机的连接方式。

4）控制电路连接完成后，进行检查。

6. 通电检查与验收

确认安装牢固且接线无误后，先接通三相总电源，再合上QF，电动机应正常起动和平稳运转，用电流表测量电动机电流，此时应为正常值。若烧断熔丝（可看到熔芯顶盖弹出）或熔断器跳闸，则应断开电源，检查分析并排除故障后才可重新合上电源。

7. 整理器材

实训完成后，整理好所用器材、工具，按照要求放置到规定位置。

10.4　考核要点

1. 工程电路原理图、器材明细表、工程布局布线图

检查是否按电路原理图设置画出正确的工程电路原理图、绘制器材明细表、布局布线图，器件是否使用及安装是否正确。

2. 安装敷设施工

检查线路是否按工程规范接线，是否与电路原理图、布局布线图吻合，是否做到安全、美观、规范。

3. 检查与验收

通电测试电动机能否正常起动运转。

4. 成绩评定

根据以上考核要点对学生进行成绩评定，参见表 10-2，给出该项目实训成绩。

表 10-2　实训成绩评定表

实训项目内容	分值/分	考核要点及评分标准	扣分/分	得分/分
装前检查	10	电器元件、仪表工具检查时漏检或错检，每处扣 5 分		
布　　线	20	不按电路图接线，每处扣 5 分		
	10	漏接接地线，扣 10 分		
	10	整体美观、整洁，布局不合理扣 10 分		
通电测试	20	第一次通电不能起动运转，扣 20 分		
	20	第二次通电不能起动运转，扣 20 分		
安全、规范操作	5	每违规一次扣 2 分		
整理器材、工具	5	未将器材、工具等放到规定位置扣 5 分		
学　时	4 学时	综合成绩		

10.5　能力拓展

电动机的定时运行与定时停车控制。

任务目标：设计一电路，能够对三相异步电动机进行定时起动和定时停止的控制，绘制电路原理图并编制器材明细表。

10.6　相关知识点

10.6.1　三相异步电动机起动控制的方式

三相异步电动机的起动有两种方式，第一种是直接起动，即将额定电压直接加在电动机定子绕组端直接进行起动。第二种是减压起动，即在电动机起动时降低定子绕组上的外加电压，从而降低起动电流。减压起动又分为几种，如串电阻或电抗器减压起动，Y—△减压起动，自耦变压器减压起动等。

直接起动虽有对电网冲击大（起动电流是额定的 4 ~ 7 倍）、电动机起动温度高的缺点，但因无需附加设备，且操作和控制简单、可靠，起动时间短，所以在功率不是特别大且条件允许的情况下还是经常被采用。

目前在大中型厂矿企业中，变压器的容量已经足够大，因此，绝大多数中、小型笼形异步电动机都采用直接起动。本书也只针对广泛应用于厂矿企业中的各种三相异步电动机直接起动控制电路作为操作训练的项目。

10.6.2　三相异步电动机开关直接起动控制的工作原理

本实训是用开关直接起动三相异步电动机，是最简单的直接起动控制方式。由于直接起动的起动电流很大，开关承载的过电流也较大，所以仅适合于电动机功率较小、起动不频繁的控制。

三相异步电动机开关直接起动控制电路原理图如图 10-1 所示。

由图 10-1 可以看出，该电路线路简单、元件少，低压断路器 QF 中装有用于过载保护的双金属式脱扣器，熔断器 FU 主要作短路保护。工作时，合上 QF，三相电通过熔断器 FU 接通电动机三相绕组，产生旋转磁场使电动机转子旋转。

实训项目 11 三相异步电动机接触器的点动控制

11.1 学习要点

1）掌握电动机点动控制电路的原理。
2）掌握电动机点动控制电路的安装与调试。

11.2 任务描述

通过对三相异步电动机接触器的点动控制电路的连接与调试实训，让学生掌握交流接触器的工作原理，并具备正确安装交流接触器以实现点动控制的技能，同时进一步掌握规范布局、布线、安装、调试控制电路的技能。

11.3 任务实施

任务内容：绘制工程电路原理图，编制器材明细表，绘制工程布局布线图，完成三相异步电动机的接触器点动控制电路的安装。

1. 绘制工程电路原理图

三相异步电动机的接触器点动控制电路原理图如图 11-1 所示。

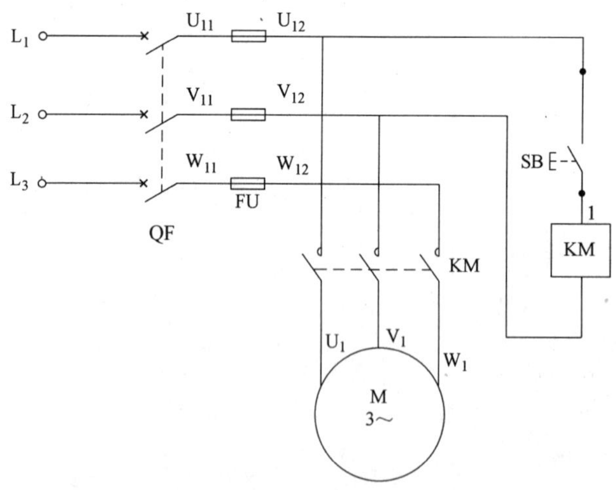

图 11-1 三相异步电动机的接触器点动控制电路原理图

2. 编制器材明细表

该实训任务所需器材见表 11-1。

表 11-1　器材明细表

符　号	名　称	型　号	规　格	数　量	备　注
QF	低压断路器	DZ108—20/10—F	脱扣器整定电流 0.63～1A	1 只	
FU	螺旋式熔断器	RL1—15	配熔体 3A	3 只	
KM	交流接触器	LC1—K0910Q7	线圈 AC380V	1 只	
SB	按钮开关	LAY16	一常开、一常闭，自动复位	1 个	点动按钮用黑色
M	三相笼型异步电动机	DJ—24	380V（Y）	1 台	

3. 器材质量检查与清点

1）用万用表电阻档检测低压断路器、螺旋式熔断器能否正常使用，如发现损坏应及时更换。

2）用万用表电阻档检查交流接触器能否正常使用，用万用表电阻档测试点动开关常开、常闭触头。

4. 绘制工程布局布线图

图 11-2 为三相异步电动机的接触器点动控制布局布线图。

5. 安装、敷设电路

1）根据图 11-2 在控制板上安装固定对应器件。

2）在控制板上按布局布线图进行布线，各导线套上编码套管。

3）交流接触器主开关与控制开关安装不要混淆。

4）控制开关常开、常闭触头用万用表识别后对应安装。

5）检查安装电动机，注意电动机的连接方式。

6）控制电路连接完成后，进行检查。

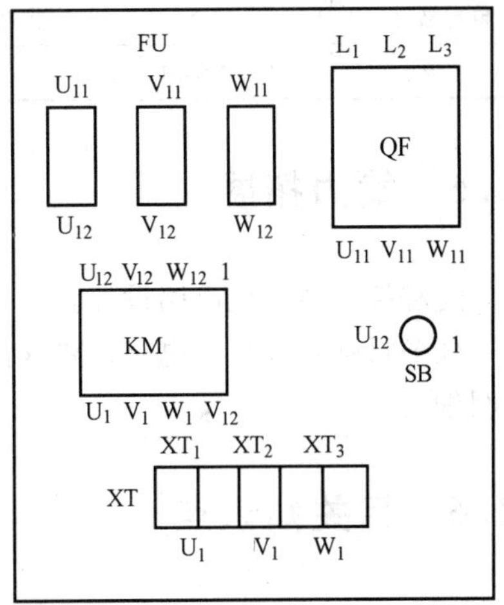

图 11-2　三相异步电动机的接触器点动控制布局布线图

6. 通电检查与验收

确认安装牢固且接线无误后，先接通三相总电源，再合上 QF。按下起动按钮 SB 时，电动机应正常起动和平稳运转；松开 SB 时，电动机应立即停转。若熔丝熔断（可看到熔芯顶盖弹出），则应断开电源，检查分析并排除故障后才可重新合上电源。

7. 整理器材

实训完成后，整理好所用器材、工具，按照要求放置到规定位置。

11.4　考核要点

1. 工程电路原理图、器材明细表、工程布局布线图

检查是否按电路原理图设置画出正确的工程电路原理图、绘制出器材明细表、工程布局布线图，器件是否使用及安装是否正确。

2. 安装敷设施工

检查线路是否按工程规范接线，是否与电路原理图、布局布线图吻合，是否做到安全、美观、规范。

3. 检查与验收

通电测试电动机能否正常起动、运转和停转。

4. 成绩评定

根据以上考核要点对学生进行成绩评定，参见表 11-2，给出该项目实训成绩。

表 11-2　实训成绩评定表

实训项目内容	分值/分	考核要点及评分标准	扣分/分	得分/分
装前检查	10	器件、仪表工具检查时漏检或错检，每处扣 5 分		
布　线	20	不按电路图接线，每处扣 5 分		
	10	漏接接地线，扣 10 分		
	10	整体美观、整洁，布局不合理扣 10 分		
通电测试	20	第一次通电不能起动运转，扣 20 分		
	10	第二次通电不能起动运转，扣 10 分		
	10	起动运转后松开按钮不能停转，扣 10 分		
安全、规范操作	5	每违规一次扣 2 分		
整理器材、工具	5	未将器材、工具等放到规定位置扣 5 分		
学　时	4 学时	综合成绩		

11.5　能力拓展

远程控制电动机电路设计。

任务目标：设计一电路，要求能实现远程控制电动机的转动，绘制电路原理图并编制器材明细表。

11.6　相关知识点

接触器主要用于频繁接通或分断的交、直流电路中，具有控制容量大、可远距离操作等优点，配合继电器还可以实现定时操作、联锁控制、各种定量控制和失电压及欠电压保护等，广泛应用于自动控制电路中，其主要控制对象是电动机，也可用于控制其他电力负载，如电热器、照明电路、电焊机、电容器组等。

在使用交流接触器的过程中，要注意定期对交流接触器的电磁铁和触头进行检查与维护，保证电磁铁吸合有力，各触头能够灵活通断，触点表面清洁无锈蚀。

三相异步电动机接触器的点动控制电路原理图如图 11-1 所示，其工作过程是当合上电源开关 QF 时，电动机不会起动运转，因为这时接触器 KM 的线圈未通电，它的主触头处在断开状态，电动机 M 的定子绕组上没有电压。若要使电动机 M 转动，只要按下按钮 SB，使线圈 KM 通电，主电路中的 KM 主触头闭合，电动机 M 即可起动。但当松开按钮 SB 时，线圈 KM 即失电，而使主触头分开，切断电动机 M 的电源，电动机即停转。这种只有当按下按钮电动机才会运转，松开按钮即停转的电路，称为点动控制电路。这种电路常用作快速移动控制或用于调整机床。

实训项目 12　三相异步电动机接触器自锁控制与故障检测

12.1　学习要点

1）掌握三相异步电动机的接触器自锁控制电路的原理与电路安装。

2）掌握三相异步电动机的接触器自锁控制电路的故障检测方法。

12.2　任务描述

1）通过三相异步电动机接触器自锁控制电路的安装实训，让学生进一步掌握接触器的功能，并具备对三相异步电动机接触器自锁控制电路正确安装的技能。

2）通过三相异步电动机接触器自锁控制电路的故障检测实训，让学生学会电压、电阻分阶测量法，具备检测故障并排除故障的技能。

12.3　任务实施

12.3.1　三相异步电动机的接触器自锁控制电路的安装

任务内容：绘制工程电路原理图，编制器材明细表，绘制工程布局布线图，完成三相异步电动机的接触器自锁控制电路的安装。

1. 绘制工程电路原理图

三相异步电动机的接触器自锁控制电路原理图如图 12-1 所示。

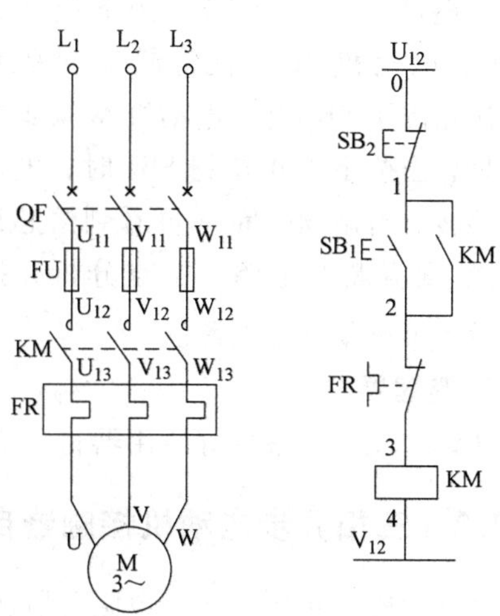

图 12-1　三相异步电动机接触器自锁控制电路原理图

2. 编制器材明细表

该实训任务所需器材见表 12-1。

3. 器材质量检查与清点

1）用万用表检测低压断路器、螺旋式熔断器能否正常使用，如发现损坏应及时更换。

2）用万用表电阻档检查交流接触器能否正常使用。

3）观察三相笼型异步电动机是星形联结还是三角形联结。

4）检测电动机是否具备正常工作参数。

5）检查热继电器是否正常。

表 12-1 三相异步电动机接触器自锁控制电路器材明细表

代号	名称	型号	规格	数量	备注
QF	低压断路器	DZ108—20/10—F	脱扣器整定电流 0.63 ~ 1A	1 只	
FU	螺旋式熔断器	RL1—15	配熔体 3A	3 只	
KM	交流接触器	LC1—K0910Q7	线圈 AC380V	1 只	
SB_1 SB_2	按钮	LAY16	一常开、一常闭，自动复位	2 个	SB_1 绿色 SB_2 红色
M	三相笼型异步电动机	DJ24	380V（Y）	1 台	
FR	热继电器	LR2—K0306	整定电流 0.63 ~ 1.2A	1 只	整定电流 0.63A

4. 绘制工程布局布线图

三相异步电动机接触器自锁控制电路的工程布局布线图如图 12-2 所示。

5. 安装、敷设电路

1）在控制板上安装器件，并贴上文字符号。

2）绘制接线图，检查无误后，在控制板上按接线图进行布线，各导线套上编码套管。

3）用兆欧表测试各绕组之间、绕组与外壳之间的绝缘电阻。

4）检查安装电动机，注意电动机的连接方式。

5）控制电路连接完成后，进行自检。

6. 通电检查与验收

确认安装牢固且接线无误后，先接通三相总电源，再合上 QF。按下起动按钮 SB_1 时，电动机 M 应正常起动和平稳运转；松开按钮 SB_1 时，电动机 M 应继续运转。只有当按下停止按钮 SB_2 时，电动机 M 才停转。若熔丝熔断（可看到熔芯顶盖弹出），则应断开电源，检查分析并排除故障后才可重新合上电源。

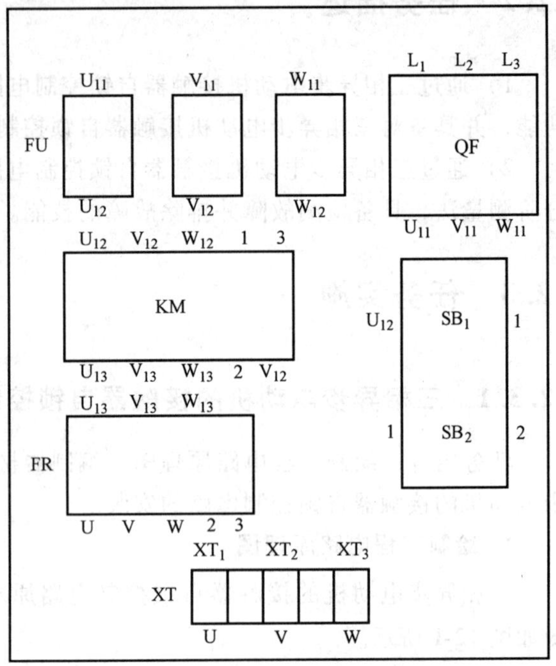

图 12-2 三相异步电动机接触器自锁控制电路的工程布局布线图

7. 整理器材

实训完成后，整理好所用器材、工具，按照要求放置到规定位置。

12.3.2 三相异步电动机接触器自锁控制电路的故障检测

任务内容：会用电压、电阻分阶测量法对电路进行故障检测。

1. 用电压分阶测量法检测故障点

首先人为设置表 12-2 中的故障点，观察故障现象。然后将万用表的转换开关置于交流电压 380V 的档位上，按照下文中图 12-3 所示的方法进行测量，将数据记录在表 12-2 中的相应位置。

表 12-2　用电压分阶测量法查找故障点

故障点	故障现象	测试状态	4-1	4-2	4-3
无	正常	按下 SB_1 不放			
SB_2 常闭触头接触不良	按下 SB_1 时，KM 不吸合				
SB_1 接触不良					
FR 常闭触头接触不良					
KM 线圈断路					

2. 用电阻分阶测量法检测故障点

首先人为设置表 12－3 中的故障点，观察故障现象。然后将万用表的转换开关位置调到倍率适当的电阻档上，断开电源，按照下文中图 12-5 所示的方法进行测量，将数据记录在表 12－3 中的相应位置。

表 12-3　用电阻分阶测量法查找故障点

故障点	故障现象	测试状态	4-0	4-1	4-2	4-3
无	正常	按下 SB_1				
SB_2 接触不良	按下 SB_1 时，KM 不吸合	按下 SB_1 不放				
SB_1 接触不良						
FR 常闭触头接触不良						
KM 线圈断路						

12.4　考核要点

1. 工程电路原理图、器材明细表、工程布局布线图

检查是否按电路原理图设置画出正确的工程电路原理图、绘制出器材明细表、布局布线图，器件是否使用及安装是否正确。

2. 安装敷设施工

检查线路是否按工程规范接线，是否与电路图、布局布线图吻合，是否做到安全、美观、规范。

3. 检查与验收

1）检查三相异步电动机的接触器自锁控制电路，当按下起动按钮 SB_1 时，电动机 M 能否正常起动和平稳运转；松开按钮 SB_1 时，电动机 M 能否继续运转；按下停止按钮 SB_2 时，电动机 M 能否停转。

2）检查是否能正确使用电压分阶测量法和电阻分阶测量法进行故障点的判别，并修复故障点。

4. 成绩评定

根据以上考核要点对学生进行成绩评定，参见表 12-4，给出该项目实训成绩。

表 12-4　实训成绩评定表

实训项目内容	分值/分	考核要点及评分标准	扣分/分	得分/分
工程电路原理图、器材明细表、工程布局布线图	20	工程电路原理图和布局布线图绘制不正确、器材明细表绘制不正确，每处扣 5 分		
		器件连接不正确，每处扣 5 分		
安装敷设施工	30	未按工程规范接线，每处扣 5 分		
		与电路原理图、布局布线图不吻合，每处扣 5 分		
检查与验收	40	按下起动按钮 SB_1 时，电动机 M 不能正常起动，扣 10 分		
		松开按钮开关 SB_1 时，电动机 M 即刻停转，扣 10 分		
		按下停止按钮 SB_2 时，电动机 M 不能停转，扣 10 分		
		不能正确使用电压分阶测量法，扣 10 分		
		不能正确使用电阻分阶测量法，扣 10 分		
安全、规范操作	5	每违规一次扣 2 分		
整理器材、工具	5	未将器材、工具等放到规定位置扣 5 分		
学时	4 学时	综合成绩		

12.5　能力拓展

针对 CA6140 型车床主轴电动机 M 起动后不能自锁的情况进行故障检测及维修。

任务目标：针对 CA6140 型车床主轴电动机 M 起动后不能自锁的情况，使用正确的检测方法查找出故障点，并采取正确的维修方法排除故障，编制器材明细表。

12.6　相关知识点

12.6.1　三相异步电动机接触器自锁控制电路工作原理

三相异步电动机接触器自锁控制电路原理图如图 12-1 所示，该电路的动作过程是：合上电源开关 QF，按下起动按钮 SB_1 时，线圈 KM 通电，其主触头和常开辅助触头均闭合，电动机 M 通电起动运转。当松开按钮 SB_1 时，电动机 M 不会停转，因为这时接触器线圈 KM 可以通过并联在 SB_1 两端已闭合的辅助触头 KM 继续维持通电，保证主触头 KM 仍处在接通状态，电动机 M 就不会失电，也就不会停转。这种松开按钮而仍能自行保持线圈通电的控制电路称为具有自锁（或自保）的接触器控制电路，简称自锁控制电路。与 SB_1 并联的这一对常开辅助触头 KM 称为自锁（或自保）触头。

12.6.2　三相异步电动机接触器自锁控制电路故障的检修步骤和方法

1. 常见故障分析与检修步骤

故障主要可分为两大类：一类是有明显的外表特征并容易被发现的，例如电动机的绕组过热、冒烟，甚至发生焦臭味或火花等，在排除这类故障时，除了更换损坏的电动机绕组或线圈之外，还必须找出和排除造成上述故障的原因；另一类故障是没有外表特征的，例如在控制电路中由于元件调整不当、动作失灵或小零件损坏及导线断裂等原因引起的，这类故障在机床电路中经常碰到，由于没有外表特征，常需要用较多的时间去寻找故障原因，有时还需运用各类测量仪表和工具才能找出故障点，才能进行调整和修复，使电气设备恢复正常运行。因此，找出故障点是机床电气设备检修工作中的一个重要环节。电气设备发生故障后检查步骤如下：

（1）修理前的调查　向操作者了解故障发生的经过，因为操作者了解故障前的工作情况及故障后的症状，对处理故障具有重要意义，然后再通过看、问、听、摸寻找故障，有些故障还应进一步检查。

1）看。熔断器内熔体是否熔断，其他电器元件有无烧毁、发热、断线，导线连接螺钉是否松动，有无异常的气味等。

2）问。发生故障后，向操作者了解故障发生的前后情况，有利于根据电气设备的工作原理来判断发生故障的部位，分析故障的原因，一般询问项目是：故障是经常发生，还是偶然发生，有哪些现象（如响声、冒火、冒烟等），故障发生前有无频繁起动、停止、过载，是否经过保养检修等。

3）听。电动机、变压器和有些电气元件在正常运行时的声音和发生故障时的声音有无明显差异，听听它们的声音是否正常，可以帮助寻找故障部位。

4）摸。电动机、变压器和电磁线圈等发生故障时，温度会显著上升，可切断电源用手去摸一摸。

（2）熟悉控制电路　机床电气设备发生故障后，为了能根据情况迅速找到故障位置，就必须熟悉机床的控制电路，要了解机床的基本工作原理。

（3）根据电气原理图、接线图确定故障发生的范围　从故障现象出发，按电路工作原理进行分析，便可判断故障发生的可能范围，然后再根据接线图找出故障发生的确切部位。

（4）进行外表检查　在判断了故障可能发生的范围后，在此范围内再对有关电气元件进行外表检查，常能发现故障的确切部位。例如：接线头脱落、触头接触不良或未焊牢、弹簧断裂或脱落以及线圈烧坏等，都能明显地确定故障点。

（5）试验控制电路的动作顺序，查找故障范围　经外表检查未发现故障点时，可进一步检查电气元件动作情况，如操作开关或按钮，查看电路中各继电器、接触器相关触头是否按规定顺序动作；若不符合规定，则说明与此电器有关的电路存在问题，再在此电路中进行逐项分析和检查，一般便可找出故障点。

（6）利用测量工具和仪表来检查故障范围　如果故障没有外表特征，故障排除也比较困难，一般采用低压验电器、试灯和万用表等工具检查电路。利用万用表的电阻档可检测电气元件是否短路或断路（测量时必须切断电源）。利用万用表的电压、电流档来检测电路的电压、电流值是否正常及三相电是否平衡，这也是一种比较好的、能有效地找出故障的手段。

2. 利用万用表检查故障的几种方法

（1）电压测量法　检查时将万用表的选择开关转到交流电压 500V 档位上。

1）分阶测量法。

电压的分阶测量法如图 12-3 所示。若按下起动按钮 SB_1，接触器 KM 不吸合，则说明电路有故障。

检查时，首先用万用表测量 0 ~ 4 两点间的电压，若电路正常，电压应为 380V。然后，按住起动按钮不放，再将黑色表棒接到点 4 上，红色表棒按点 3、2、1、0 标号依次向前移动，分别测量 4-3、4-2、4-1、4-0 各阶之间的电压，电路正常情况下，各阶的电压值均应为 380V。如测到 4-3 之间无电压，则说明有断路故障，此时将红色表棒向前移，当移至某点（如点 1 时）电压正常，说明该点（点 1）以前的触头或连接线是完好的，而该点（点 1）以后的触头或连接线存在断路故障。根据各阶电压值来检查故障的方法见表 12-5。

表 12-5　分阶测量法所测电压值及故障原因

故障现象	测试状态	4-3	4-2	4-1	4-0	故障原因
按下 SB_1 时，KM 不吸合	按下 SB_1 不放	380V	380V	380V	380V	KM 线圈接触不良或损坏
		0	380V	380V	380V	FR 常闭触头接触不良，未导通
		0	0	380V	380V	SB_1 接触不良，未导通
		0	0	0	380V	SB_2 接触不良，未导通

这种测量方法像上台阶一样，所以称为分阶测量法。分阶测量法可向上测量（即由点 4 向 0 点测量），也可向下测量，即依次测量 0-1、0-2、0-3、0-4。不过向下测量时，若某阶电压等于电源电压时，则说明刚测过的触头或连接导线有断路故障。

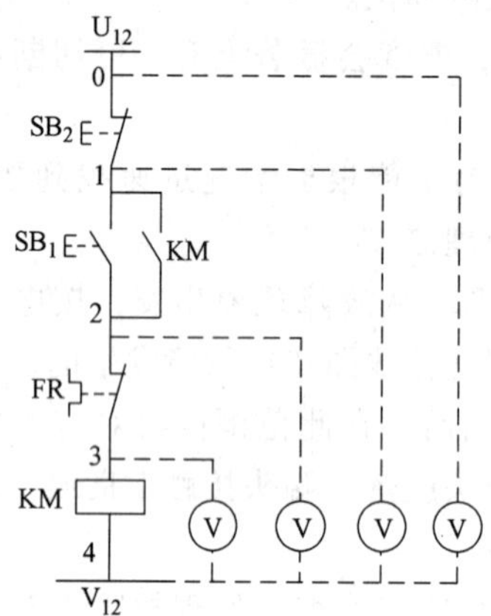

图 12-3　电压的分阶测量法

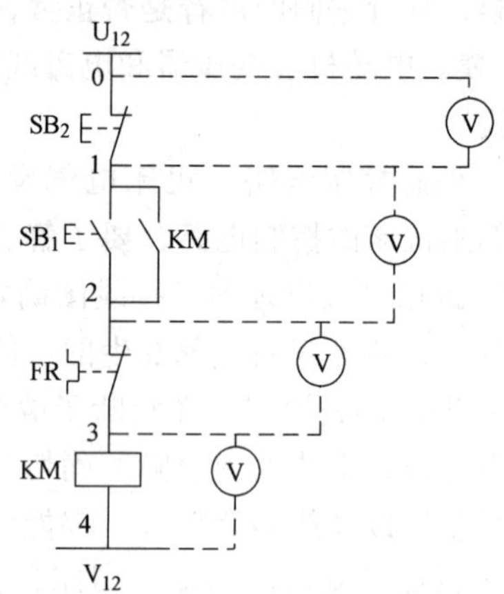

图 12-4　电压的分段测量法

2）分段测量法。

电压的分段测量法如图 12-4 所示。先用万用表测试 0 ~ 4 两点，电压值为 380V，说明电源电压正常。

电压的分段测试法是将红、黑两根表棒逐段测量相邻两标号点 0-1、1-2、2-3、3-4 间的电压。如电路正常，除 3-4 两点间的电压等于 380V 之外，其他任何相邻两点间的电压值均为零。

若按下起动按钮 SB_1，接触器 KM 不吸合，则说明电路断路，此时可用电压表逐段测试各相邻两点间的电压。如测量到某相邻两点间的电压为 380V 时，则说明这两点间所包含的触头、连接导线接触不良或有断路。例如标号 2-3 两点间的电压为 380V，则说明接触器 FR 的常闭触头接触不良，未接通。根据各段电压值来检查故障的方法见表 12-6。

表 12-6　分段测量法所测电压值及故障原因

故障现象	测试状态	0-1	1-2	2-3	3-4	故障原因
按下 SB_1 时，KM 不吸合	按下 SB_1 不放	380V	0	0	0	SB_2 触头接触不良，未导通
		0	380V	0	0	SB_1 触头接触不良，未导通
		0	0	380V	0	FR 常闭触头接触不良，未导通
		0	0	0	380V	KM 线圈接触不良或损坏

（2）电阻测量法

1）分阶测量法。

电阻的分阶测量法如图 12-5 所示。按下起动按钮 SB_1，接触器 KM 不吸合，说明该电路有故障。

检查时，先要断开电源，然后把万用表的选择开关转至电阻“kΩ”档。按下 SB_1 不放，测量 0-4 两点间的电阻，若电阻值为无穷大，说明电路断路。此时逐步分阶测量 0-1、0-2、0-3、0-4 各点间的电阻值。当测量到某标号间的电阻值突然增大时，则说明表棒刚跨过的触头或连接导线接触不良或断路。

2）分段测量法。

电阻的分段测量法如图 12-6 所示。检查时，先切断电源，按下起动按钮 SB_1，然后逐段测量相邻两标号点 0-1、1-2、2-3、3-4 间的电阻。如测得某两点间的电阻值很大，说明该段的触头接触不良或导线断路。例如，当测得 0-1 两点间的电阻值很大时，则说明停止按钮 SB_1 接触不良或连接导线断路。

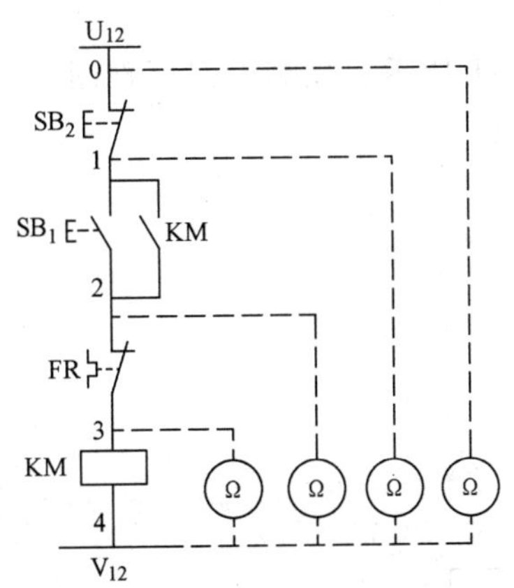

图 12-5　电阻的分阶测量法

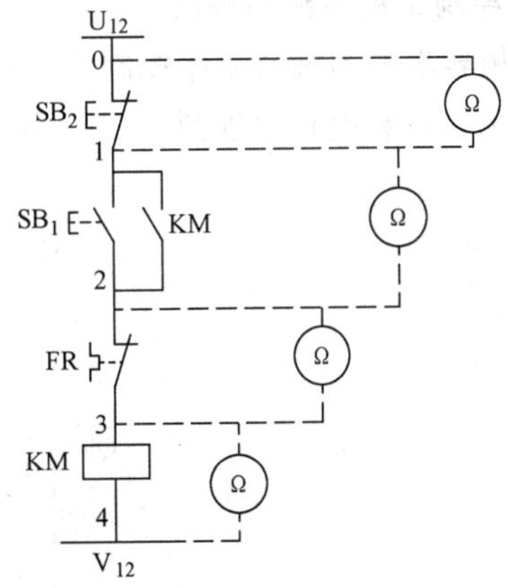

图 12-6　电阻的分段测量法

（3）检测时的注意事项

1）用电阻测量法检查故障时一定要断开电源。

2）如被测电路与其他电路并联时，必须将该电路与其他电路断开，否则所测得的值不准确。

3）不能随意更改电路，严禁扩大和产生新的故障。

4）带电测量时必须有人监护，以确保设备及人身安全。

实训项目 13　三相异步电动机的顺序控制

13.1　学习要点

1）熟练掌握两台以上电动机顺序控制的工作原理。

2）掌握三相异步电动机的顺序控制电路的安装与调试。

13.2　任务描述

通过三相异步电动机的顺序控制电路的安装与调试实训，让学生掌握顺序控制的基本原理，具备根据不同需求对三相异步电动机进行控制电路安装与调试的技能。

13.3　任务实施

任务内容：绘制工程电路原理图，编制器材明细表，绘制工程布局布线图，完成三相异步电动机的顺序控制电路的安装与调试。

1. 绘制工程电路原理图

三相异步电动机的顺序控制主电路原理图如图 13-1 所示，控制电路原理图（一）如图 13-2 所示，控制电路原理图（二）如图 13-3 所示。

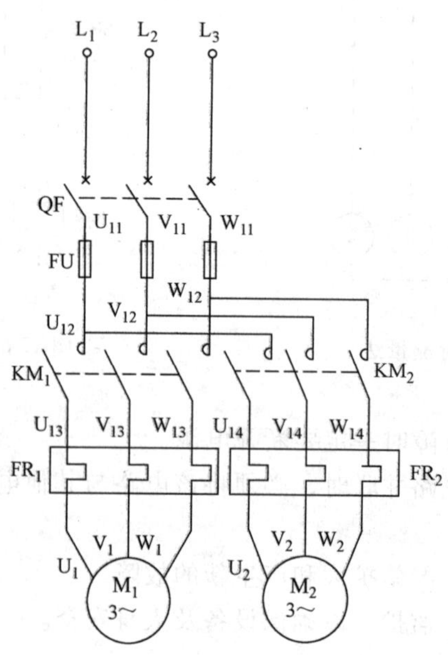

图 13-1　三相异步电动机的顺序控制主电路原理图

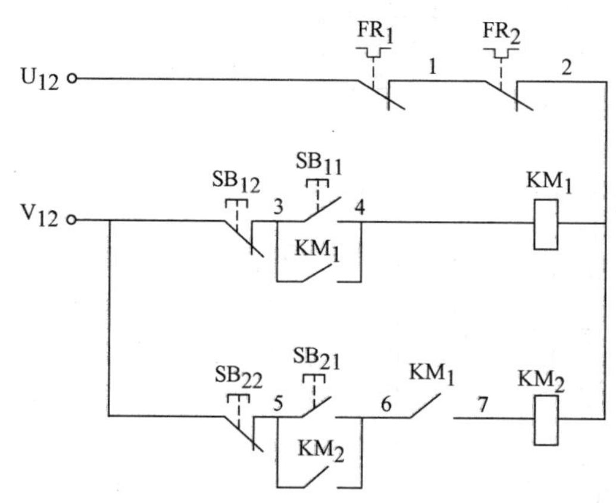

图 13-2　控制电路原理图（一）

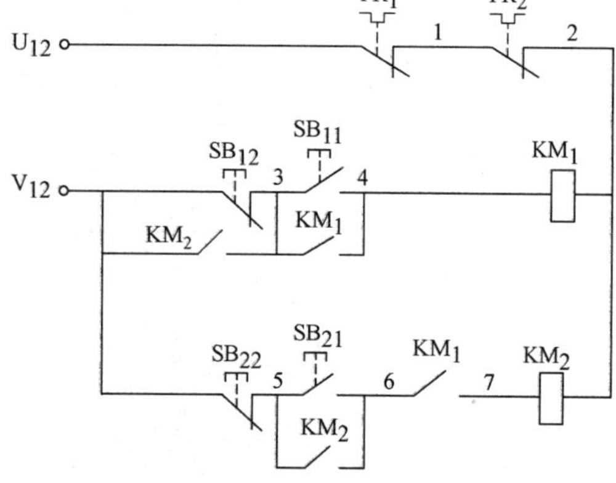

图 13-3　控制电路原理图（二）

2. 编制器材明细表

该实训任务所需器材见表 13-1。

表 13-1　三相异步电动机的顺序控制电路的安装与调试实训所需器材明细表

代　号	名　　称	型　　号	规　　格	数量	备　　注
QF	低压断路器	DZ108—20/10—F	脱扣器整定电流 0.63～1A	1 只	
FU	螺旋式熔断器	RL1—15	配熔体 3A	3 只	
KM_1、KM_2	交流接触器	LC1—K0910Q7	线圈 AC380V	2 只	
	继电器方座	PF—083A		2 个	
FR_1、FR_2	热继电器	LR2—K0306	整定电流 0.63～1A	2 只	
SB_{11}、SB_{12}、SB_{21}、SB_{22}	按钮	LAY16	一常开、一常闭，自动复位	4 个	SB_{11}、SB_{21} 为绿色 SB_{12}、SB_{22} 为红色
M_1、M_2	三相笼型异步电动机	DJ24	380V(Y)	2 台	

3. 器材质量检查与清点

1）用万用表检测低压断路器、螺旋式熔断器可否正常使用。

2）检查交流接触器是否正常。

3）观察三相笼型异步电动机是星形联结还是三角形联结。

4）检测电动机是否具备正常工作参数。

5）检查热继电器、按钮是否正常。

4. 绘制工程布局布线图

三相异步电动机的顺序控制电路工程布局布线图如图 13-4 和图 13-5 所示。

5. 安装、敷设电路

1）在控制板上安装电气元件，并贴上文字符号。

2）绘制接线图，检查无误后在控制板上按接线图进行布线，在导线上套编码套管。

3）用兆欧表测试各绕组之间、绕组与外壳之间的绝缘电阻。

4）检查安装电动机，注意电动机的连接方式。

5）控制电路连接完成后，进行自检。

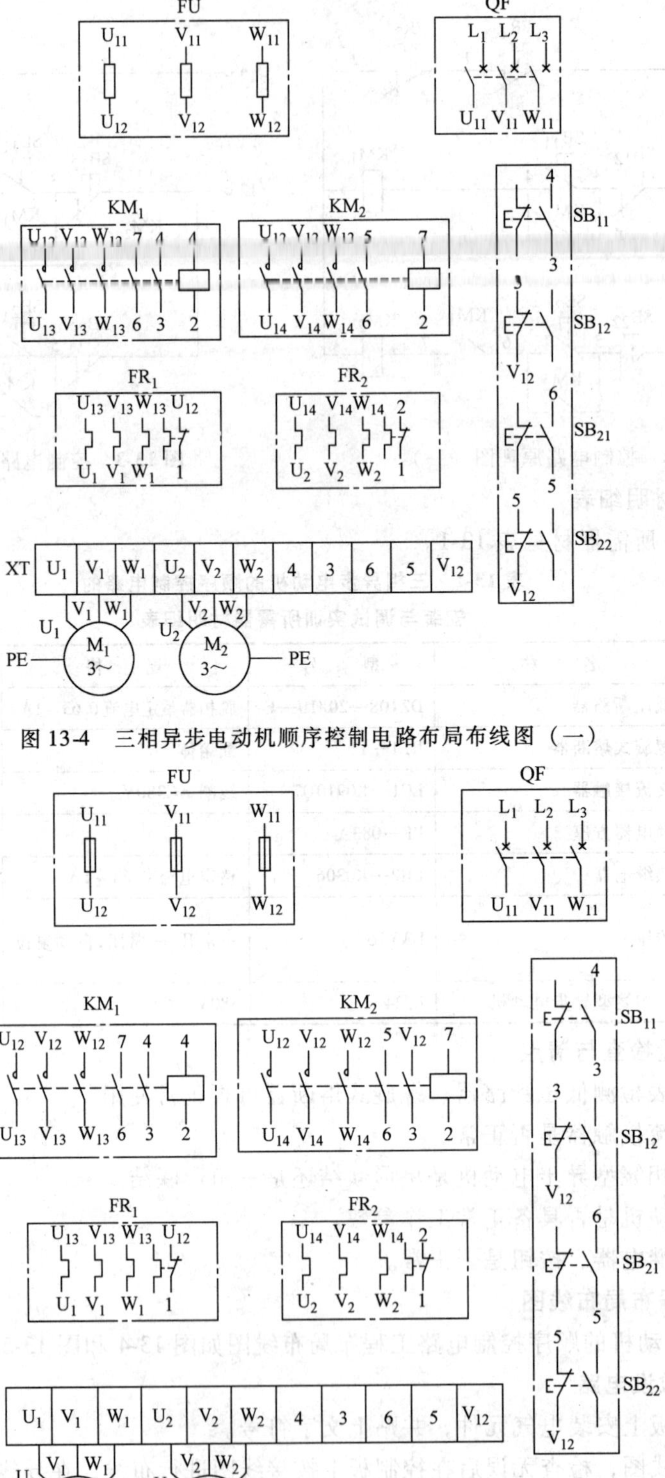

图 13-4　三相异步电动机顺序控制电路布局布线图（一）

图 13-5　三相异步电动机顺序控制电路布局布线图（二）

6）检查无误后，通电检验，电动机正常运转。

6. 检测与调试

经检查安装接线无误后，方可通电试车。

1）控制电路（一）中，检查 M_1 和 M_2 的起动顺序和停转顺序。

2）控制电路（二）中，检查 M_1 和 M_2 的起动顺序和停转顺序。

若出现故障，请分析排除使之正常工作。

7. 整理器材

实训完成后，整理好所用器材、工具，按照要求放置到规定位置。

13.4　考核要点

1. 工程电路原理图、器材明细表、工程布局布线图

检查是否按电路原理图设置画出正确的工程电路原理图、绘制出器材明细表、布局布线图，元器件是否使用及安装是否正确。

2. 安装敷设施工

检查线路是否按工程规范接线，是否与电路图、布局布线图吻合，是否做到安全、美观、规范。

3. 检查与验收

1）控制电路（一）中，电动机能否顺序起动，起动后的停转是否有顺序。

2）控制电路（二）中，电动机能否顺序起动，起动后的停转是否有顺序。

4. 成绩评定

根据以上考核要点对学生进行成绩评定，参见表 13-2，给出该项目实训成绩。

表 13-2　实训成绩评定表

实训项目内容	分值/分	考核要点及评分标准	扣分/分	得分/分
工程电路图、器材清单、工程布局布线图	30	工程电路原理图和布局布线图绘制不正确、器材清单绘制不正确，每处扣 5 分		
		元器件连接不正确，每处扣 5 分		
安装敷设施工	30	未按工程规范接线，每处扣 5 分		
		与电路图、布局布线图不吻合，每处扣 5 分		
检查与验收	30	控制电路（一）中，未能实现 M_1 先起动、M_2 后起动的，扣 10 分		
		控制电路（二）中，未能实现 M_1 先起动、M_2 后起动的，扣 10 分		
		控制电路（二）中，未能实现 M_2 先停转、M_1 后停转的，扣 10 分		
安全、规范操作	5	每违规一次扣 2 分		
整理器材、工具	5	未将器材、工具等放到规定位置，扣 5 分		
学时	4 学时	综合成绩		

13.5　能力拓展

三台三相异步电动机的顺序控制电路设计。

任务目标：设计一电路，能够对三台三相异步电动机进行顺序控制，使三台三相异步电动机的起动和停止按一定顺序完成，并编制器材明细表，画出电路原理图。

13.6　相关知识点

三相异步电动机的顺序控制主电路原理图如图 13-1 所示，它有两种顺序控制电路，控制电路原理图（一）如图 13-2 所示，控制电路原理图（二）如图 13-3 所示。

控制电路（一）的工作原理：该控制电路中，接触器 KM_1 的一对常开触头（线号为 6、7）串联在接触器 KM_2 线圈的控制电路中。当按下 SB_{11} 时，电动机 M_1 起动运转，KM_1 所有的常开辅助触头都闭合；此时，按下 SB_{21}，电动机 M_2 起动运转。若 M_1 未起动运转时先按下按钮 SB_{21}，由于 KM_1 的常开辅助触头未闭合，因此 M_2 不会起动运转。若要让 M_2 电动机停转，则只需要按下 SB_{22}，如 M_1、M_2 都停转，则只要按下 SB_{12} 即可。

控制电路（二）的工作原理：该控制电路中，由于在 SB_{12} 停止按钮两端并联着一个接触器 KM_2 的常开辅助触头（线号为 V_{12}、3），所以只有先使接触器 KM_2 线圈失电，即电动机 M_2 停转，同时 KM_2 常开辅助触头断开，然后才能按动 SB_{12} 达到断开接触器 KM_1 线圈电源的目的，使电动机 M_1 停止。这种顺控制电路的特点是使两台电动机依次顺序起动，而逆序停止。

实训项目14　三相异步电动机的多地控制

14.1　学习要点

1）掌握远距离电动机控制的原理。

2）掌握远距离电动机控制电路的安装与调试。

14.2　任务描述

通过三相异步电动机的多地控制电路的连接与调试实训，让学生掌握多地控制的基本原理，具备根据不同需求对三相异步电动机控制电路进行安装与调试的技能。

14.3　任务实施

任务内容：绘制工程电路原理图，编制器材明细表，绘制工程布局布线图，完成三相异步电动机的多地控制电路的安装与调试。

1. 绘制工程电路原理图

三相异步电动机的多地控制电路原理图如图14-1所示。

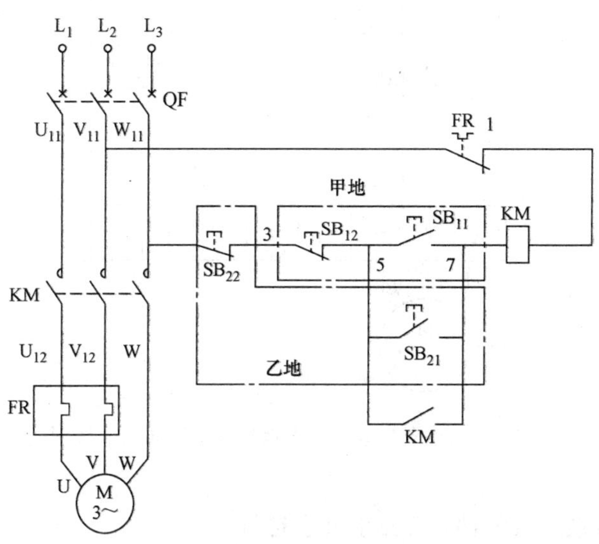

图14-1　三相异步电动机多地控制电路原理图

2. 编制器材明细表

该实训任务所需器材见表14-1。

表 14-1 三相异步电动机多地控制电路安装与调试实训所需器材明细表

代号	名　称	型　号	规　格	数　量	备　注
QF	低压断路器	DZ108—20/10—F	脱扣器整定电流 0.63～1A	1 只	
KM	交流接触器	LC1—K0910Q7	线圈 AC380V	1 只	
FR	热继电器	LR2—K0306	整定电流 0.63～1A	1 只	
SB_{11}、SB_{12} SB_{21}、SB_{22}	按钮	LAY16	一常开、一常闭、自动复位	4 个	SB_{11}、SB_{21} 绿色 SB_{12}、SB_{22} 红色
M	三相笼型异步电动机	DJ24	380V（Y）	1 台	

3. 器材质量检查与清点

1）用万用表检测低压断路器可否正常使用。

2）检查交流接触器是否正常。

3）观察三相笼型异步电动机是星形联结还是三角形联结。

4）检测电动机是否具备正常工作参数。

5）检查热继电器是否正常。

4. 绘制工程布局布线图

三相异步电动机多地控制电路工程布局布线图如图 14-2 所示。

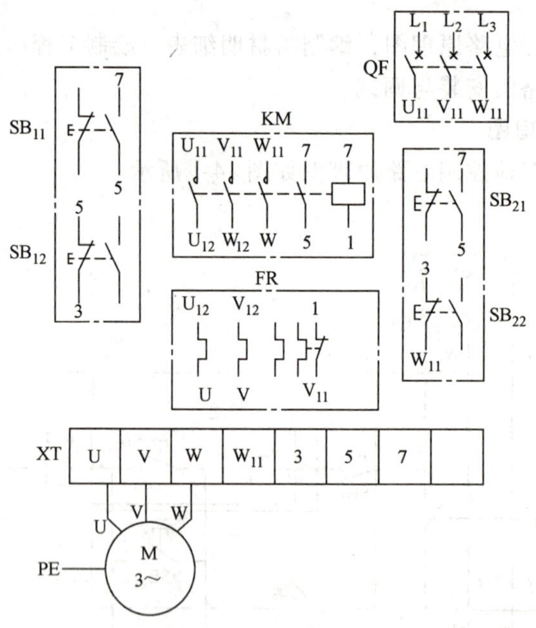

图 14-2 三相异步电动机多地控制电路布局布线图

5. 安装、敷设电路

1）在控制板上安装电气元件，并贴上文字符号。

2）绘制接线图，检查无误后，在控制板上按接线图进行布线，在导线上套编码套管。

3）用兆欧表测试各绕组之间、绕组与外壳之间的绝缘电阻。

4）检查安装电动机，注意电动机的连接方式。

5）控制电路连接完成后，进行自检。

6. 检查与调试

经检查接线无误后，接通交流电源并进行操作，若操作中出现不正常故障，则应自行分析加以排除。

7. 整理器材

实训完成后，整理好所用器材、工具，按照要求放置到规定位置。

14.4　考核要点

1. 工程电路原理图、器材明细表、工程布局布线图

检查是否按电路原理图设置画出正确的工程电路原理图、绘制出器材明细表、布局布线图，元器件是否使用及安装是否正确。

2. 安装敷设施工

检查线路是否按工程规范接线，是否与电路图、布局布线图吻合，是否做到安全、美观、规范。

3. 检查与验收

通电测试，按下按钮 SB_{11} 和 SB_{12} 能否正确控制电动机的起动和停转；按下按钮 SB_{21} 和 SB_{22} 能否正确控制电动机的起动和停转。

4. 成绩评定

根据以上考核要点对学生进行成绩评定，参见表 14-2，给出该项目实训成绩。

表 14-2　实训成绩评定表

实训项目内容	分值/分	考核要点及评分标准	扣分/分	得分/分
工程电路原理图、器材明细表、工程布局布线图	30	工程电路原理图和布局布线图绘制不正确、器材明细表编制不正确，每处扣 5 分		
		元器件连接不正确，每处扣 5 分		
安装敷设施工	30	未按工程规范接线，每处扣 5 分		
		与电路图、布局布线图不吻合，每处扣 5 分		
检查与验收	30	通电测试，按下按钮 SB_{11} 和 SB_{12} 不能实现电动机的起动和停转，扣 15 分		
		通电测试，按下按钮 SB_{21} 和 SB_{22} 不能实现电动机的起动和停转，扣 15 分		
安全、规范操作	5	每违规一次扣 2 分		
整理器材、工具	5	未将器材、工具等放到规定位置扣 5 分		
学时	4 学时	综合成绩		

14.5　能力拓展

三相异步电动机的三地控制电路的设计。

任务目标：设计三相异步电动机的三地控制电路，能够实现三地控制同一电动机起动、停止，画出电路原理图并编制器材明细表。

14.6　相关知识点

实际生产中使用大型设备时，为了操作方便，常要求能在两个及两个以上地点对其进行控制操作。例如：重型龙门刨床，有时在固定的操作台上控制，有时需要站在机床四周用悬挂按钮控制；有些场合，为了便于集中管理，由中央控制台进行控制，但每台设备调整检修时，又需要就地进行机旁控制等。

图 14-1 为三相异步电动机的多地控制电路原理图，其工作原理是：该电路图中，SB_{11}和SB_{12}为甲地的起动和停止按钮；SB_{21}和SB_{22}为乙地的起动和停止按钮。它们可以分别在两个不同地点上，控制接触器 KM 的接通和断开，进而实现两地控制同一台电动机起、停的目的。用户可以通过该电路在两地对电动机的运转实现控制，这就给用户的操作带来了很大方便，并且可以实现一定距离的控制。

实训项目 15　接触器联锁电动机正反转控制

15.1　学习要点

1）掌握接触器联锁电动机正反转控制的原理。

2）掌握接触器联锁电动机正反转控制电路的安装与调试。

15.2　任务描述

通过接触器联锁电动机正反转控制电路的安装与调试实训，让学生掌握电动机正反转的基本原理，具备根据不同需求对三相异步电动机控制电路进行安装与调试的技能。

15.3　任务实施

任务内容：绘制工程电路原理图，编制器材明细表，绘制工程布局布线图，完成接触器联锁电动机正反转控制电路的安装与调试。

1. 绘制工程电路原理图

接触器联锁电动机正反转控制的电路原理图如图 15-1 所示，它采用 2 个接触器的常闭辅助触头实现互锁。

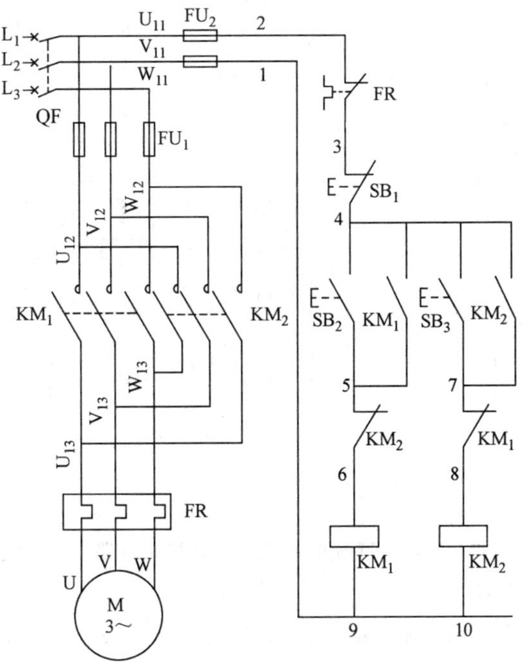

图 15-1　接触器联锁电动机正反转控制电路原理图

2. 编制器材明细表

该实训任务所需器材见表 15-1。

表 15-1　接触器联锁电动机正反转控制电路的安装与调试实训所需器材明细表

代　号	名　称	型　号	规　格	数量	备　注
QF	低压断路器	DZ108—20/10—F	脱扣器整定电流 0.63～1A	1 只	
FU_1	螺旋式熔断器	RL1—15	配熔体 3A	3 只	
FU_2	瓷插式熔断器	RT14—20	配熔体 3A	2 只	
KM_1、KM_2	交流接触器	CJX4—093Q	线圈 AC380V	2 只	
FR	热继电器	JRS4—09305d	整定电流 0.63～1A	1 只	整定电流 0.63A
SB_1、SB_2、SB_3	按钮	LAY16	一常开、一常闭，自动复位	3 个	SB_2、SB_3 用绿色，SB_1 红色
M	三相笼型异步电动机		380V、0.53A 160W	1 台	

3. 绘制工程布局布线图

接触器联锁电动机正反转控制电路布局布线图如图 15-2 所示。

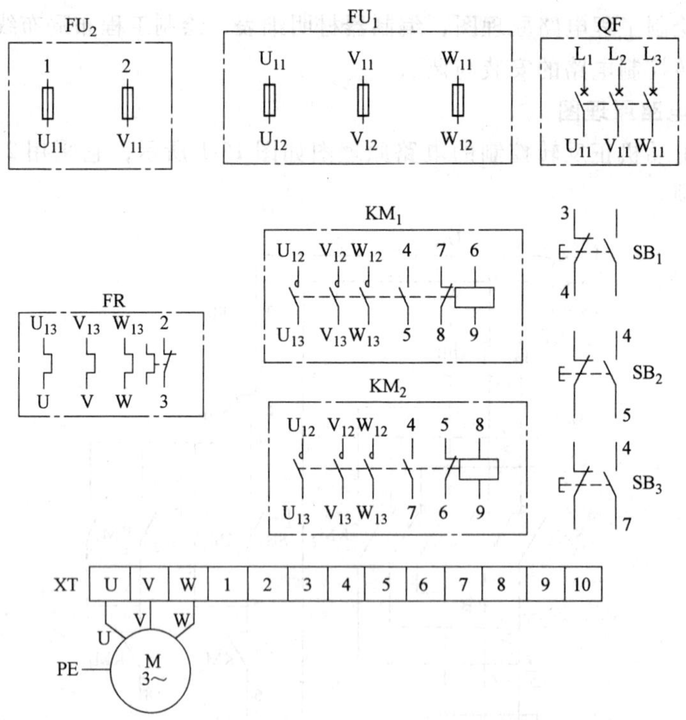

图 15-2　接触器联锁电动机正反转控制电路布局布线图

4. 器材质量检查与清点

1）用万用表检测低压断路器、螺旋式熔断器、瓷插式熔断器、交流接触器、热继电器、按钮是否可正常使用。

2）观察三相笼型异步电动机是星形联结还是三角形联结。

3）检测电动机是否具备正常工作参数。

5. 安装、敷设电路

1）在控制板上安装电气元件，并贴上文字符号。

2）在控制板上按布线图进行布线，按布局布线图检查无误后，在导线上套编码套管。

3）用兆欧表测试各绕组之间、绕组与外壳之间的绝缘电阻。

4）检查安装电动机，注意电动机的连接方式。

5）控制电路连接完成后，进行检查。

6. 通电检查与验收

（1）正转控制　合上电源开关 QF，按正转起动按钮 SB_2，电动机正转。

（2）反转控制　先按下停止按钮 SB_1，使电动机停转以后，再按下反转按钮 SB_3，电动机反转。

7. 整理器材

实训完成后，整理好所用器材、工具，按照要求放置到规定位置。

15.4　考核要点

1. 工程电路图、器材明细表、工程布局布线图

检查是否按电路原理图设置画出正确的工程电路原理图、绘制出器材明细表和布局布线图，元器件是否正确使用及安装是否正确。

2. 安装敷设施工

检查线路是否按工程规范接线，是否与电路原理图、布局布线图吻合，是否做到安全、美观、规范。

3. 使用正确的检修方法检测故障并维修

如发生故障，应先切断电源，检查连线和压接是否有问题，再逐次排除故障。

4. 检查与验收

通电测试电动机能否实现正反转控制。

5. 成绩评定

根据以上考核要点对学生进行成绩评定，参见表15-2，给出该项目实训成绩。

表15-2　实训成绩评定表

实训项目内容	分值/分	考核要点及评分标准	扣分/分	得分/分
画出正确的工程电路原理图、绘制出器材明细表和布局布线图，元器件正确使用且安装无误	20	未按要求画出正确的工程电路原理图，扣10分		
		未按要求绘制出器材明细表和布局布线图，扣10分		
		元器件未正确使用，每错一次扣5分		
		元器件安装有误，每处扣5分		

（续）

实训项目内容	分值/分	考核要点及评分标准	扣分/分	得分/分
线路按工程规范接线，与电路图、布局布线图吻合	20	未按工程规范接线，每处扣5分		
		与电路图、布局布线图不吻合，每错一次扣5分		
检查与验收	50	电动机不能正常起动运转，扣30分		
		电动机不能实现正反转，扣20分		
安全、规范操作	5	每违规一次扣2分		
整理器材、工具	5	未将器材、工具等放到规定位置，扣5分		
学　时	4学时	综合成绩		

15.5　能力拓展

按钮联锁的三相异步电动机接触器正反转控制电路设计。

任务目标：试用正反转按钮代替接触器辅助触头，形成按钮联锁的三相异步电动机接触器正反转控制电路，绘制电路图并编制器材明细表。

15.6　相关知识点

接触器联锁电动机正反转控制电路的原理图如图15-1所示，下面就正转控制和反转控制分别进行分析。

1. 正转控制

合上电源开关QS，按正转起动按钮SB2，正转控制回路接通，其工作过程如下：

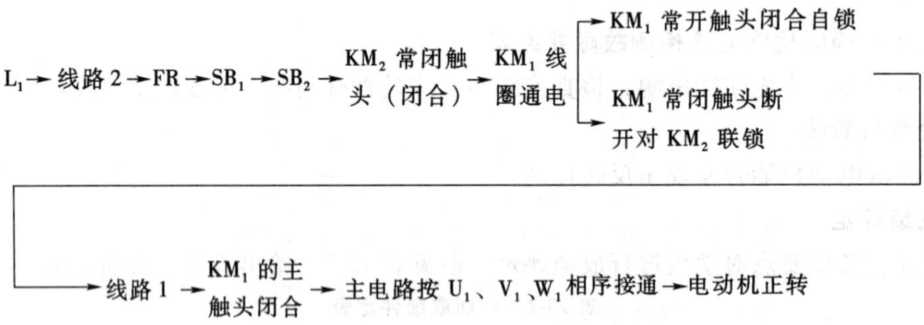

L_1→线路2→FR→SB_1→SB_2→KM_2常闭触头（闭合）→KM_1线圈通电→ KM_1常开触头闭合自锁；KM_1常闭触头断开对KM_2联锁

→线路1→KM_1的主触头闭合→主电路按U_1、V_1、W_1相序接通→电动机正转

2. 反转控制

要使电动机改变转向（即由正转变为反转）时，应先按下停止按钮SB_1，使正转控制电路断开，电动机停转，然后才能使电动机反转，为什么要这样操作呢？因为反转控制回路中串联了正转接触器KM_1的常闭触头。当KM_1通电工作时，它是断开的，若这时直接按反转按钮SB_3，反转接触器KM_2是无法通电的，电动机也就得不到电源，故电动机仍然处在正转状态，不会反转，当先按下停止按钮SB_1，使电动机停转以后，再按下反转按钮SB_3，电动机才会反转。电动机反转控制的工作过程如下：

L_1 → 线路 2 → FR → SB_1 → SB_3 → KM_1 常闭触头（闭合）→ KM_2 线圈通电 → KM_2 常开触头闭合自锁；KM_2 常闭触头断开对 KM_1 联锁

→ 线路 1 → KM_2 的主触头闭合 → 主电路按 W_1、V_1、U_1 相序接通 → 电动机反转

实训项目 16　PLC 控制电路

16.1　学习要点

1）学习编制和调试简单的 PLC 应用程序。

2）掌握应用 PLC 控制电动机的电路的安装与调试。

16.2　任务描述

通过电动机正反循环运转的 PLC 控制电路的安装与调试实训，让学生具备正确编写并调试 PLC 程序和安装 PLC 控制电动机循环运转电路的技能。

16.3　任务实施

任务内容：绘制工程电路原理图，编制器材明细表，绘制工程布局布线图，完成电动机正反循环运转的 PLC 控制电路的安装与调试。

1. 绘制工程电路原理图

PLC 控制电动机正反循环运转的电路原理图如图 16-1 所示。

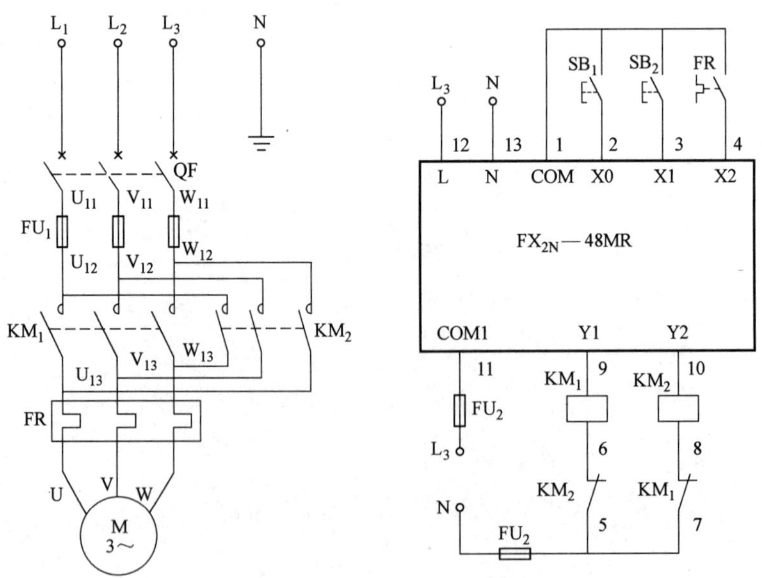

图 16-1　PLC 控制电动机正反循环运转的电路原理图

2. 电气控制的工作流程图、状态转移图和指令表

（1）工作流程图　PLC电气控制的工作流程图如图16-2所示。

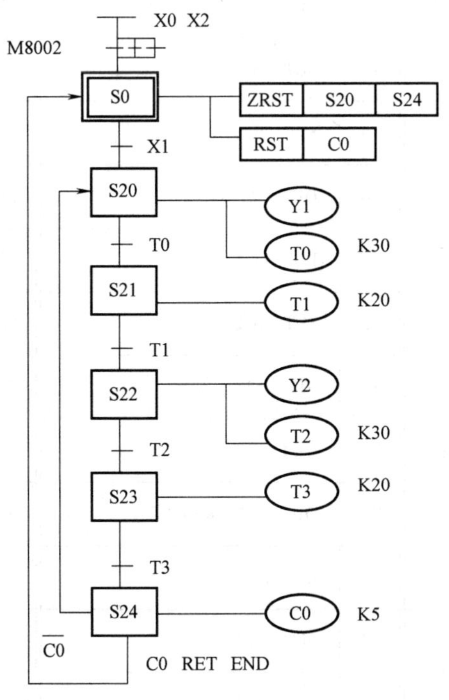

图16-2　工作流程图

（2）状态转移图　PLC电气控制的状态转移图如图16-3所示。

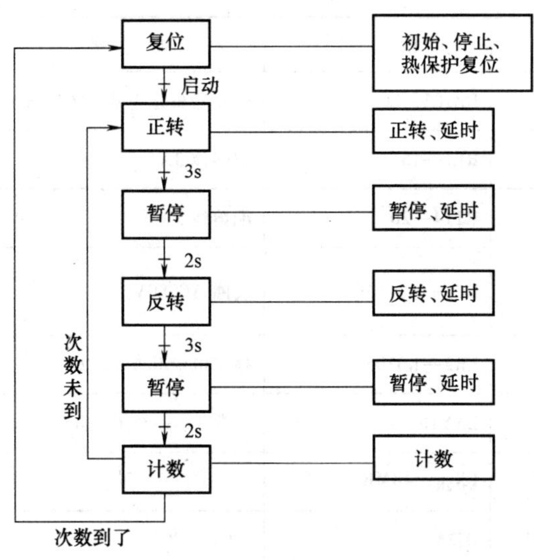

图16-3　状态转移图

（3）指令表　PLC 电气控制的指令表见表 16-1。

表 16-1　指令表

1	LD　M8002	13	LD　T0	25	OUT　T3　K20
2	OR　X0	14	SET　S21	26	LD　T3
3	OR　X2	15	STL　S21	27	SET　S24
4	SET　S0	16	OUT　T1　K20	28	STL　S24
5	STL　S0	17	LD　T1	29	OUT　C0　K5
6	ZRST　S20　S24	18	SET　S22	30	LDI　C0
7	RST　C0	19	STL　S22	31	OUT　S20
8	LD　X1	20	OUT　Y2	32	LD　C0
9	SET　S20	21	OUT　T2　K30	33	OUT　S0
10	STL　S20	22	LD　T2	34	RET
11	OUT　Y1	23	SET　S23	35	END
12	OUT　T0　K30	24	STL　S23		

3. 编制器材明细表

该实训任务所需器材见表 16-2。

表 16-2　PLC 控制电动机正反循环运转实训所需器材明细表

代号	名　称	型　号	规　格	数量	备　注
QF	低压断路器	DZ108—20/10—F	脱扣器整定电流 0.63～1A	1	
FU_1	螺旋式熔断器	RL1—15	配熔体 3A	3	
FU_2	瓷插式熔断器	RT14—20	配熔体 3A	2	
KM_1 KM_2	交流接触器	LC1—K0910Q7	线圈 AC380V	2	
FR	热继电器	LR2—K0306	整定电流 0.6～1.2A	1	整定电流 0.63A
SB_1、SB_2	按钮	LAY16	一常开、一常闭，自动复位	2	SB_2 绿、SB_1 红
PLC	可编程序控制器	FX_{2N}—48MR		1	
M	三相笼型异步电动机	DJ24	380V（Y）	1	

4. 绘制工程布局布线图

PLC 控制电动机正反循环运转电路的布局布线图如图 16-4 所示。

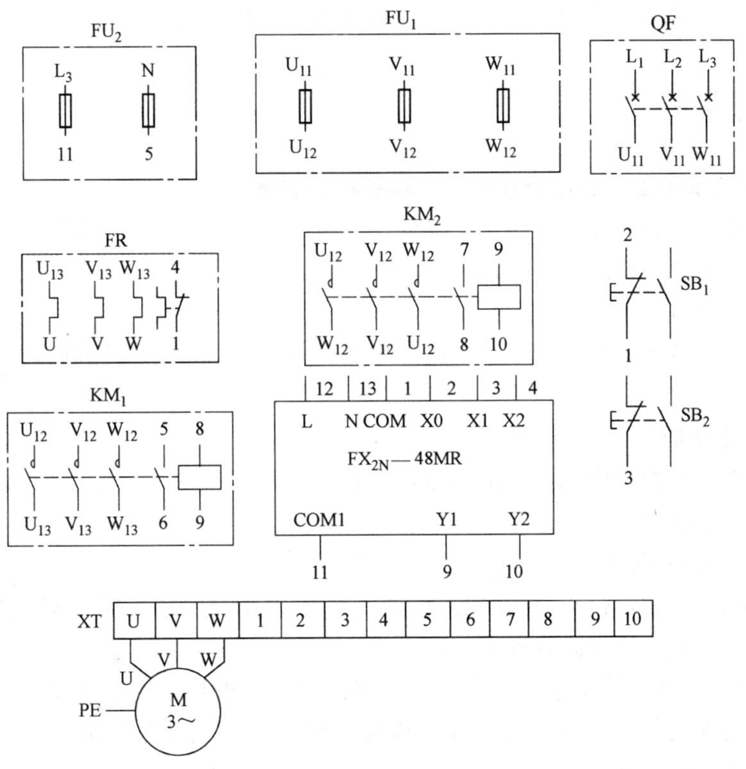

图16-4　PLC控制电动机正反循环运转电路的布局布线图

5. 器材质量检查与清点

1）用万用表检测低压断路器、螺旋式熔断器、交流接触器、热继电器可否正常使用。

2）观察三相笼型异步电动机是星形联结还是三角形联结。

3）检测电动机是否具备正常工作参数。

4）PLC通电初始化自检，观察是否正常。

6. 安装、敷设电路

1）在控制板上安装电气元件，并贴上文字符号。

2）绘制接线图，检查无误后，在控制板上按接线图进行布线，在导线上套编码套管。

3）用兆欧表测试各绕组之间、绕组与外壳之间的绝缘电阻。

4）检查安装电动机，注意电动机的连接方式。

5）控制电路连接完成后，进行自检。

7. 录入程序

1）使用GX Developer编程软件，录入程序。

2）将微机中编制好的程序写入到PLC。

8. 通电检查与验收

接通三相总电源，合上QF，按下起动按钮SB_1，电动机应正常起动和平稳运转。观察电动机是否按控制要求在运转，是否正反循环运转且时间控制正确。否则，检查电路和程序。

9. 整理器材

实训完成后，整理好所用器材、工具，按照要求放置到规定位置。

16.4 考核要点

1. 工程电路原理图、器材明细表、工程布局布线图

检查是否按电路原理图设置画出正确的工程电路原理图、绘制出器材明细表和布局布线图，元器件是否正确使用且安装无误。

2. 安装敷设施工

检查线路是否按工程规范接线，是否与电路原理图、布局布线图吻合，是否做到安全、美观、规范。

3. 编写程序正确

检查程序书写是否正确，应用指令是否正确。

4. 程序能调试运行

1）确认程序能正确输入。

2）静态调试。按接线图连接好输入设备，进行 PLC 程序的模拟试验。检查输入、输出是否达到要求。否则，检查修改程序，直至正确。

3）动态调试。按接线图连接好输出的交流接触器，进行系统空载调试。观察交流接触器是否按控制要求动作，否则，检查线路或修改程序，直至动作正确。然后再连接好电动机，进行带负载动态调试。

5. 成绩评定

根据以上考核要点对学生进行成绩评定，参见表 16-3，给出该项目实训成绩。

表 16-3　实训成绩评定表

实训项目内容	分值/分	考核要点及评分标准	扣分/分	得分/分
画出正确的工程电路原理图、绘制出器材明细表和布局布线图，元器件正确使用且安装无误	20	未按要求画出正确的工程电路原理图，扣 10 分		
		未按要求绘制出器材清单和布局布线图，扣 10 分		
		元器件未正确使用，每错一次扣 5 分		
		元器件安装有误，每处扣 5 分		
线路按工程规范接线，与电路图、布局布线图吻合	20	未按工程规范接线，每处扣 5 分		
		与电路原理图、布局布线图不吻合，每错一次扣 5 分		
正确编写程序，程序能调试运行	50	不能正确编写程序，扣 20 分		
		电动机不能实现正反运转，扣 20 分		
		正反运转的时间不正确，每错一个时间扣 3 分		
		不能实现自动停机，扣 5 分		
安全、规范操作	5	每违规一次扣 2 分		
整理器材、工具	5	未将器材、工具等放到规定位置，扣 5 分		
学　时	4 学时	综合成绩		

16.5　能力拓展

4 层电梯 PLC 控制的设计。

任务目标：设计一电路，应用 PLC 控制电动机运转，并带动电梯运行。设置 4 个楼层，实现电梯的基本功能，绘制电路原理图并编制出器材明细表。

16.6　相关知识点

1. PLC 的控制功能

PLC（可编程序控制器）是一种数字运算操作的电子装置，是直接应用于工业环境、用程序来改变控制功能、易于与工业控制系统连成一体的工业计算机。

PLC 除了具有开关量逻辑处理功能外，大多还具有完善的数据运算能力。PLC 的应用已渗透到位置控制、温度控制、计算机控制等领域，而且还可以组网通信。与继电器控制系统相比，PLC 具有很高的性价比。

2. PLC 的常用技术指标

PLC 常用技术指标包括基本性能指标、输入技术指标及输出技术指标，以下以三菱公司的 FX 系列 PLC 为例，其常用技术指标见表 16-4。

表 16-4　PLC 的常用技术指标

基本性能指标		输入技术指标		输出技术指标	
运算控制方式	反复运算	输入信号电压	24V	外部电源	AC 或 DC
I/O 控制方式	批处理方式	输入信号电流	5mA 或 7mA	最大负载	100W
运算处理速度	μs 或 ms 级	输入开关电流 OFF→ON	>4.5mA 或 >3.5mA	最小负载	DC5V 2mA
程序语言	梯形图和指令表	输入开关电流 ON→OFF	<1.5mA	响应时间 OFF→ON	μs 或 ms 级
程序容量	2K~64K 步	输入响应时间	10ms	响应时间 ON→OFF	
指令数量 基本	二十几条	可调节输入响应时间	0~15mA 或 0~60mA	开关漏电流	μs 或 ms 级
指令数量 应用	几十到几百种	输入信号形式	触点或集电极开路	电路隔离	三种
I/O 设置	几十到几百点	输入状态显示	ON 时 LED 灯亮	输出动作显示	线圈通电 LED 亮

3. PLC 的基本结构

PLC 通常由基本单元、扩展单元、扩展模块及特殊功能模块组成。

PLC 基本单元主要由中央处理单元（CPU）、存储器、输入单元、输出单元、扩展接口、存储器接口和编程器接口等组成。扩展单元是指扩展 I/O 点数的装置，内部有电源，无 CPU。扩展模块是用于增加 I/O 点数和改变 I/O 点数比例。

4. PLC 的工作原理

PLC 的工作原理和单片机相似，即在系统程序的管理下，通过运行用户程序完成控制任务。PLC 是采用循环扫描的方式工作的。

PLC 有 RUN 和 STOP 两种基本的工作模式。当处于 STOP 模式时，PLC 只进行内部处理和通信服务等内容，一般用于程序的写入与修改。当处于 RUN 模式时，PLC 除了要进行内部处理、通信服务外，还要执行用户程序。

5. 电动机正反循环运转的 PLC 控制过程

电动机正反循环运转的 PLC 控制电路原理图如图 16-1 所示，控制要求如下：按下起动按钮 SB_2，电动机正转 3s，暂停 2s，反转 3s，暂停 2s，如此循环 5 个周期，然后自动停止；运行中，可按停止按钮 SB_1 停止，热继电器动作也应停止。

根据控制要求，其 I/O 分配为：X0——停止按钮；X1——起动按钮；X2——热继电器的常开触点；Y1——电动机正转接触器；Y2——电动机反转接触器。

实训项目 17　工作台自动往返控制

17.1　学习要点

1）掌握工作台自动往返控制的工作原理。

2）掌握工作台自动往返控制电路的安装与调试。

17.2　任务描述

通过工作台自动往返控制电路的安装与调试实训，让学生掌握自动往返的基本原理，具备根据不同需求对三相异步电动机控制电路安装与调试的技能。

17.3　任务实施

任务内容：绘制工程电路原理图，编制器材明细表，绘制工程布局布线图，完成工作台自动往返控制电路的安装与调试。

1. 绘制工程电路原理图

工作台自动往返控制的电路原理图如图 17-1 所示。

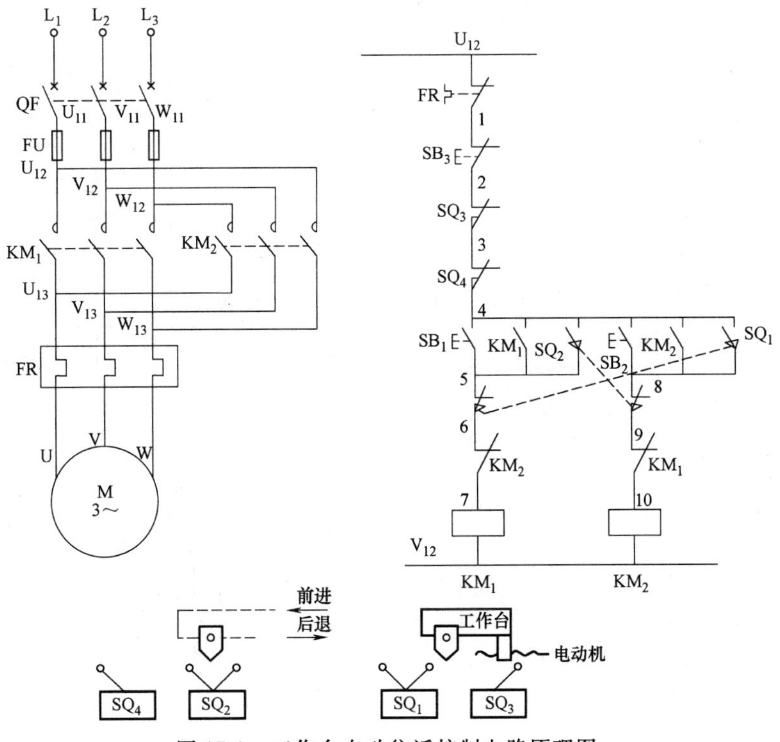

图 17-1　工作台自动往返控制电路原理图

2. 编制器材明细表

该实训任务所需器材见表 17-1。

表 17-1　工作台自动往返控制电路所需器件明细表

代　号	名　　称	型　　号	规　　格	数量	备　注
QF	低压断路器	DZ108—20/10—F	脱扣器整定电流 0.63～1A	1	
FU	螺旋式熔断器	RL1—15	配熔体 3A	3	
KM_1、KM_2	交流接触器	LC1—K0910Q7	线圈 AC380V	2	
FR	热继电器	LR2—K0306	整定电流 0.63～1.2A	1	
SB_1、SB_2、SB_3	按钮	LAY16		3	
M	三相笼型异步电动机	DJ24	380V（Y）	1	
SQ_1、SQ_2、SQ_3、SQ_4	限位开关	JW2A—11H		4	

3. 器材质量检查与清点

1）用万用表检测低压断路器、螺旋式熔断器、交流接触器、热继电器、按钮、限位开关可否正常使用。

2）观察三相笼型异步电动机是星形联结还是三角形联结。

3）检测电动机是否具备正常工作参数。

4. 绘制工程布局布线图

工作台自动往返控制电路的布局布线图如图 17-2 所示。

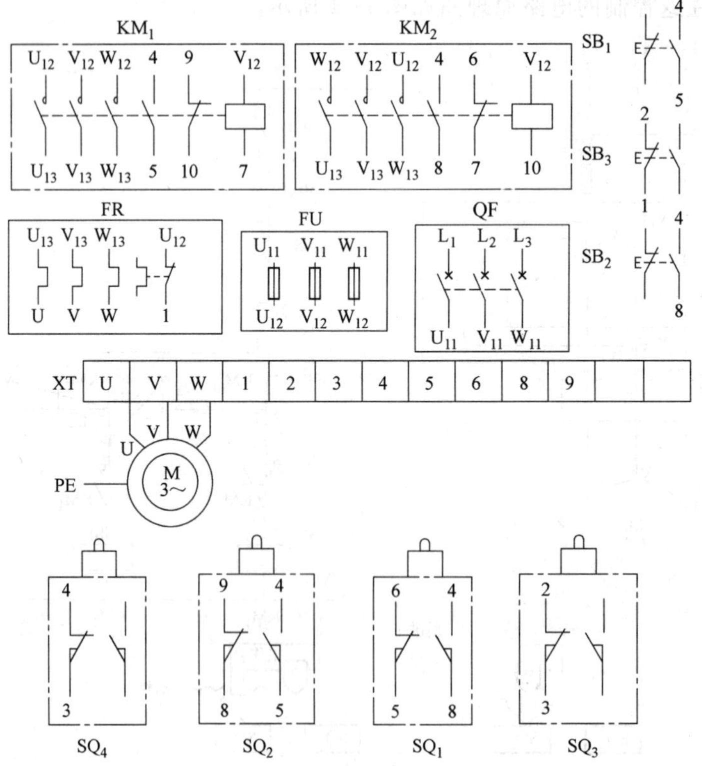

图 17-2　工作台自动往返控制电路的布局布线图

5. 安装、敷设电路

1）在控制板上安装电气元件，并贴上文字符号。

2）绘制接线图，检查无误后，在控制板上按接线图进行布线，在导线上套编码套管。

3）用兆欧表测试各绕组之间、绕组与外壳之间的绝缘电阻。

4）检查安装电动机，注意电动机的连接方式。

5）控制电路连接完成后，进行自检。

6. 通电检查与验收

合上电源开关 QF，按 SB_1 工作台向右移动至挡块碰 SQ_1，工作台停止；再向左移动至挡块碰 SQ_2，工作台停止后，再向右移动，重复往返进行。

7. 整理器材

实训完成后，整理好所用器材、工具，按照要求放置到规定位置。

17.4　考核要点

1. 工程电路原理图、器材明细表、工程布局布线图

检查是否按电路原理图设置画出正确的工程电路原理图、绘制出器材明细表和布局布线图，元器件是否正确使用且安装无误。

2. 安装敷设施工

检查线路是否按工程规范接线，是否与电路原理图、布局布线图吻合，是否做到安全、美观、规范。

3. 使用正确的检修方法检测故障并维修

如发生故障，应先切断电源，检查连线和焊接是否有问题，再逐次排除故障。

4. 检查与验收

通电测试工作台是否能自动往返移动。

5. 成绩评定

根据以上考核要点对学生进行成绩评定，参见表 17-2，给出该项目实训成绩。

表 17-2　实训成绩评定表

实训项目内容	分值/分	考核要点及评分标准	扣分/分	得分/分
画出正确的工程电路原理图、绘制出器材明细表和布局布线图，元器件正确使用且安装无误	20	未按要求画出正确的工程电路原理图，扣 10 分		
		未按要求绘制出器材清单和布局布线图，扣 10 分		
		元器件未正确使用，每错一次扣 5 分		
		元器件安装有误，每处扣 5 分		
线路按工程规范接线，与电路图、布局布线图吻合	20	未按工程规范接线，每处扣 5 分		
		与电路原理图、布局布线图不吻合，每错一次扣 5 分		
检查与验收	50	工作台不能移动，扣 30 分		
		工作台不能往返移动，扣 20 分		
安全、规范操作	5	每违规一次扣 2 分		

（续）

实训项目内容	分值/分	考核要点及评分标准	扣分/分	得分/分
整理器材、工具	5	未将器材、工具等放到规定位置，扣5分		
学　时	4学时	综合成绩		

17.5　能力拓展

往返控制电路检修的流程设计。

任务目标：针对可能产生的故障，设计编制往返控制电路检修的流程，画出流程图。

17.6　相关知识点

工作台自动往返控制的电路原理图如图17-1所示，其工作过程如下：

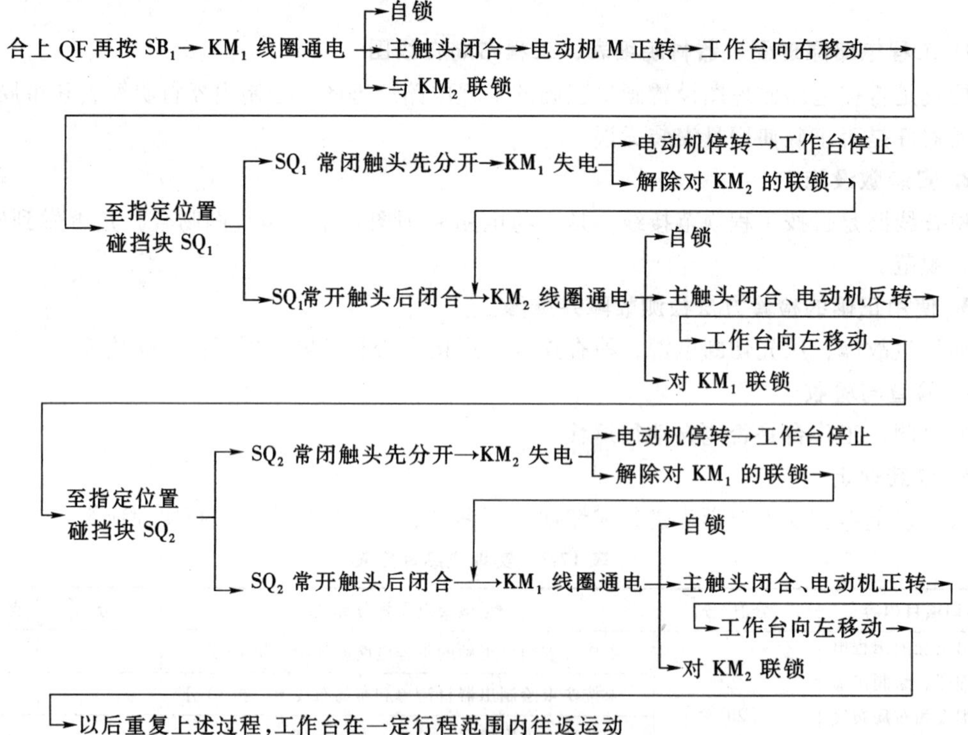

若合上QF先按SB_2时，则工作过程与上刚好相反，即先向左再向右。

实训项目 18　C650 型车床的电气控制和故障检测

18.1　学习要点

1）了解卧式车床的整机工作原理。

2）掌握卧式车床的电气控制原理。

3）掌握卧式车床电气控制电路的安装与维修。

18.2　任务描述

1）通过 C650 型车床的电气控制电路的安装实训，让学生掌握车床电气控制的基本原理，具备根据不同需求进行电气控制电路安装与调试的技能。

2）通过 C650 型车床的电气检测与维修实训，让学生具备检测车床电气设备及线路故障的技能。

18.3　任务实施

18.3.1　C650 型车床的电气控制电路的安装

任务内容：绘制工程电路原理图，编制器材明细表，绘制工程布局布线图，完成 C650 型车床的电气控制电路的安装。

1. 绘制工程电路原理图

C650 型车床的控制电路原理图如图 18-1 所示。

2. 编制器材明细表

该实训任务所需器材见表 18-1。

表 18-1　工作台自动往返控制的电路器件明细表

代　号	名　　称	型　　号	规　　格	数量	备　注
QF_1、QF_2	低压断路器	DZ108—20/10—F	脱扣器整定电流 0.65～1A	2 只	
QS	转换开关	KNX	220V/2A	1 个	
KM	交流接触器	LC1—K0910Q7	线圈 AC380V	1 只	
FR_1、FR_2	热继电器	LR2—K0306	整定电流 0.63～1A	2 只	
SB_1、SB_2	按钮	LAY16	一常开、一常闭，自动复位	2 个	SB_2 绿 SB_1 红
M_1、M_2	三相笼型 异步电动机	DJ24	380V（Y）	2 台	
TC	变压器		380V/36V	1 台	

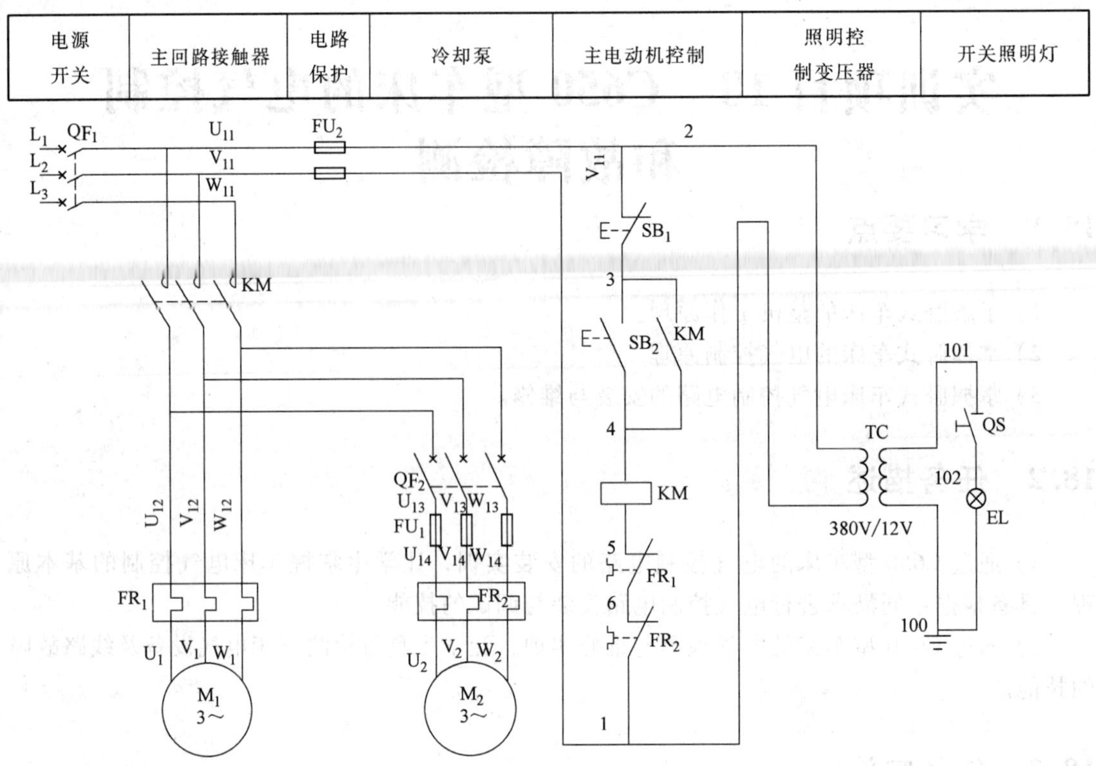

图 18-1　C650 型车床的控制电路原理图

3. 器材质量检查与清点

1）用万用表检测低压断路器、热继电器、按钮、转换开关、交流接触器、变压器可否正常使用。

2）观察三相笼型异步电动机是星形联结还是三角形联结。

3）检测电动机是否具备正常的工作参数。

4. 绘制工程布局布线图

C650 型车床的控制电路布局布线图如图 18-2 所示。

5. 安装、敷设电路

1）配齐所用电器元件，并检验元件质量。

2）在控制板上安装走线槽和所有电器元件，并贴上文字符号。安装走线槽时，应做到横平竖直、排列整齐匀称、安装牢固和便于走线等。

3）按电路图进行板前线槽配线，配线必须采用软线，并在导线端部套与电路图上相应接点线号一致的编码套管，各导线的线头要做冷压接线端头，接线端子必须与导线截面积和材料性质相适应。

① 布线时，严禁损伤线芯和导线绝缘。

② 各电器元件接线端子上引出或引入的导线，除间距很小和元件机械强度很差允许直接架空敷设外，其他导线必须经过线槽进行连接。

③ 进入线槽内的导线要完全置于线槽内，尽量避免交叉，装线不要超过其容量的 70%。

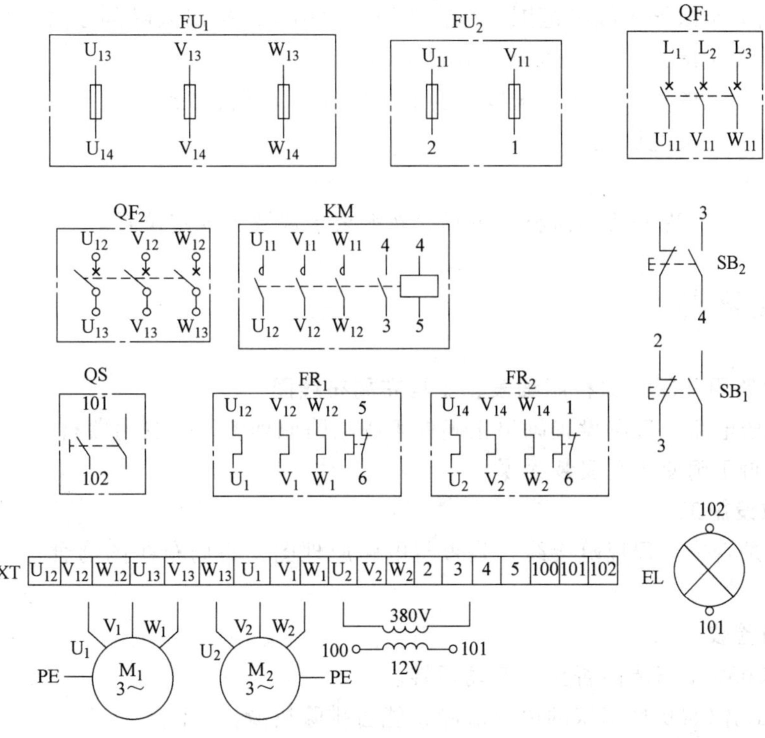

图 18-2　C650 型车床的控制电路布局布线图

④　各电器元件与线槽之间的外露导线，应走线合理，并尽可能做到横平竖直，变换走向要垂直。

⑤　按照电路图上相应接点线号进行线路牢固连接。一般一个接线端子只连接一根导线，如果连接两根或多根导线，可选用专门设计的端子，并要严格按照连接工艺的工序要求进行。

4）根据电路图检验控制板内部布线的正确性。

5）安装电动机和各电器元件金属外壳的保护接地线。

6）连接电源、电动机等控制板外部的导线。

7）自检。

8）检查无误后通电试验。

6. 通电检查与验收

接通电源，检查主电动机和冷却电动机能否正常运转。

7. 整理器材

实训完成后，整理好所用器材、工具，按照要求放置到规定位置。

18. 3. 2　C650 型车床的电气检测与维修

任务内容：在 C650 型车床的控制电路或主电路中人为地设置电气故障多处，让学生独立进行检测与维修。

1）用通电法来观察故障现象。主要观察电动机的运转情况、接触器的动作情况和线路的工作情况，如发现有异常情况，应马上断电检查。

2）用逻辑分析法缩小故障范围，并在电路图上用虚线标出故障部位的最小范围。

3）用分段测量法正确、迅速地找出故障点。

4）根据故障点的不同情况，采取正确的修复方法，排除故障。

5）排除故障后通电试验。

6）整理器材

实训完成后，整理好所用器材、工具，按照要求放置到规定位置。

18.4 考核要点

1. 工程电路原理图、器材明细表、工程布局布线图

检查是否按电路原理图设置画出正确的工程电路原理图、绘制出器材明细表和布局布线图，元器件是否正确使用且安装无误。

2. 安装敷设施工

检查线路是否按工程规范接线，是否与电路原理图、布局布线图吻合，是否做到安全、美观、规范。

3. 检查与验收

1）测试 C650 型车床能否正常起动运转。

2）能否找出 C650 型车床的电气故障，能否排除故障。

4. 成绩评定

根据以上考核要点对学生进行成绩评定，参见表 18-2，给出该项目实训成绩。

表 18-2 实训成绩评定表

实训项目内容	分值/分	考核要点及评分标准	扣分/分	得分/分
画出正确的工程电路原理图、绘制出器材明细表和布局布线图，元器件正确使用且安装无误	20	未按要求画出正确的工程电路原理图，扣 10 分		
		未按要求绘制出器材明细表和布局布线图，扣 10 分		
		元器件未正确使用，每错一次扣 5 分		
		元器件安装有误，每处扣 5 分		
线路按工程规范接线，与电路图、布局布线图吻合	20	未按工程规范接线，每处扣 5 分		
		与电路原理图、布局布线图不吻合，每错一次扣 5 分		
C650 型车床的电气控制	20	C650 型车床不能正常起动运转，扣 20 分		
C650 型车床的故障检测	30	未检测出故障，扣 20 分		
		未排除故障，扣 10 分		
安全、规范操作	5	每违规一次扣 2 分		
整理器材、工具	5	未将器材、工具等放到规定位置，扣 5 分		
学　时	4 学时	综合成绩		

18.5 能力拓展

铣床控制电路的分析。

任务目标：了解铣床基本概况及主轴部分的电气控制原理，能对控制电路进行分析，完整叙述其电气控制过程。

18.6　相关知识点

1. 卧式车床的整机工作原理

车床主要用于切削金属毛坯，使其形状及质量达到预定要求。为了使车刀能够从毛坯上切下多余的金属，车削加工时，车床的主轴带动工件作旋转主运动；车床的刀架带动车刀作多方向的直线进给运动。通过车刀和工件的相对运动，使毛坯被切削成各种需要的零件，其几何外形、尺寸和表面质量要达到图样上所规定的要求。

2. 车床的动力电动机

在应用电动机将电能转变为机械能以及对机床各种运动控制的过程中，必须通过由各种电器构成的机床电路来实现对电动机和机床运动的控制，如电动机的起动、运转、制动、机床的变速以及各种保护措施。由于电动机控制的方便和准确，可以保证机床的高效率和产品的高质量，同时也改善了劳动条件。

3. 车床的故障检修方法

车床故障可以分为软故障和硬故障。软故障是指由于操作、调整处理不当引起的，这类故障多发生在设备使用前期或设备使用人员调整时期。硬故障主要指由于检测开关、电气执行元件、机械装置等出现问题而引起的。对故障诊断，首先要熟练掌握各部件功能和特性以及机床的工作原理和动作顺序，其次要循序渐进、依次解决，这样一般的故障都会及时排除。

4. C650 型车床的控制电路工作原理

C650 型车床的控制电路原理图如图 18-1 所示，其工作工程是：合上电源开关 QF_1，按下起动按钮 SB_2，这时控制电路通电，工作过程是：$U_{11} \to FU_2 \to SB_1 \to SB_2 \to KM \to FR_1 \to FR_2 \to FU_2 \to V_{11}$。接触器 KM 的线圈通电，铁心吸合，主回路中接触器 KM 的三个常开触头闭合，主电动机 M_1 得到三相交流电而起动运转，同时接触器 KM 的常开辅助触头也闭合，对控制电路进行自锁，保证起动按钮 SB_2 松开时，接触器 KM 的线圈仍然通电。若加工时需要冷却，则合上 QF_2，让冷却泵电动机 M_2 通电运转，带动冷却泵供应冷却液。

当要求停车时，按下停止按钮 SB_1，使控制电路失电，接触器 KM 线圈断电，使主电路断开，电动机停止转动。若两台电动机中有一台长期过载，则串联在主电路中的热继电器发热元件将过热而使双金属片弯曲，通过机械杠杆推开串联在控制回路中的常闭触头，使控制电路断电，接触器 KM 断电释放，主回路失电，电动机停止转动。

附　　录

附录A　常用新旧电气简图用图形符号和文字符号对照表

编号	名　称	新国标 图形符号（GB/T 4728—2005～2008）	新国标 文字符号（GB/T 7159—1987）	旧国标 图形符号（GB 312—1964）	旧国标 文字符号（GB 159—1987）
1	直流				
	交流				
2	导线的连接	或			
	导线的多线连接	或		或	
3	接地一般符号		E		
4	电阻的一般符号		R		R
5	电容器一般符号		C		C
	极性电容	+		+ −	
6	二极管		VD		D
7	熔断器		FU		RD
8	三相笼型异步电动机	M 3～	M		D
	三相绕线转子异步电动机	M 3～			

（续）

编号	名　称	新国标		旧国标	
		图形符号（GB/T 4728—2005～2008）	文字符号（GB/T 7159—1987）	图形符号（GB 312—1964）	文字符号（GB 159—1987）
9	单极开关		Q	或	K
10	手动三极开关一般符号		Q		
	三极开关				K
	刀开关				
	组合开关				
11	限位开关（或行程开关）的常开触头		SQ		XWK
	限位开关（或行程开关）的常闭触头				
	双向机械操作的位置开关				
12	带常开触头的按钮		SB		QA
	带常闭触头的按钮				TA
	带常开和常闭触头的按钮				AN
13	接触器线圈		KM		C

（续）

编号	名　称	新国标		旧国标	
		图形符号（GB/T 4728—2005～2008）	文字符号（GB/T 7159—1987）	图形符号（GB 312—1964）	文字符号（GB 159—1987）
14	接触器的主常开（动合）触头	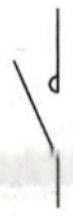	KM	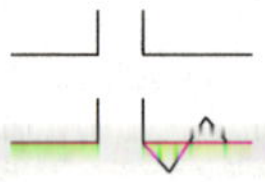	C
	接触器的主常闭（动断）触头	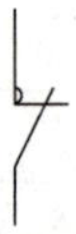		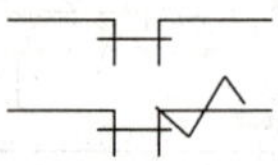	
	接触器的辅助常开（动合）触头	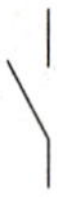		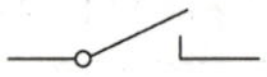	符号同操作元件
	接触器的辅助常闭（动断）触头	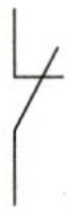		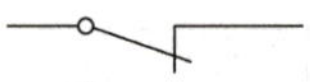	
15	时间继电器线圈（一般符号）	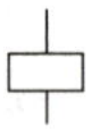	KT	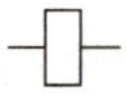	SJ
	中间继电器线圈		K	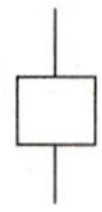	ZJ
16	热继电器热元件	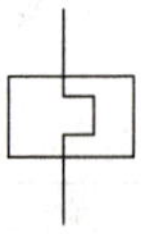	FR	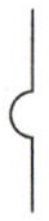	BJ
	热继电器的常闭触头	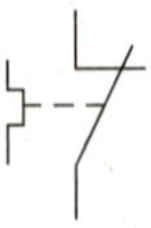		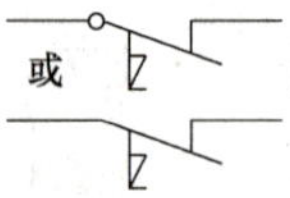 或	
17	电磁铁	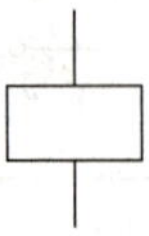	YA	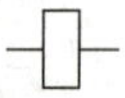	DCT
	电磁吸盘		YH	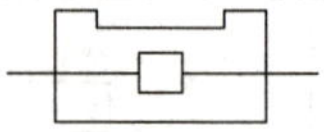	DX

（续）

编号	名　称	新国标		旧国标	
		图形符号（GB/T 4728—2005～2008）	文字符号（GB/T 7159—1987）	图形符号（GB 312—1964）	文字符号（GB 159—1987）
18	接插器件		X		CZ
	照明灯		EL		ZD
	信号灯		HL		XD
19	中性线（中线）	N			
20	中间线	M			
21	正极	+			
22	负极	-			
23	正脉冲				
24	负脉冲				
25	锯齿波				
26	等电位				
27	理想电流源				
28	理想电压源				
29	双向二极管				
30	晶闸管				

（续）

编号	名　称	新国标		旧国标	
		图形符号（GB/T 4728—2005～2008）	文字符号（GB/T 7159—1987）	图形符号（GB 312—1964）	文字符号（GB 159—1987）
31	PNP 型晶体管	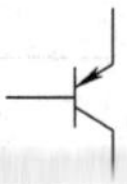			
32	NPN 型晶体管	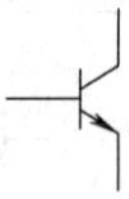			
33	电感器				
34	发光二极管				
35	电能表	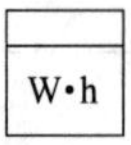 W·h			

附录 B　维修电工鉴定考核试题

一、是非题

1. 钳形电流表不但可在不断开电路的情况下测电流，而且测量精度较高。（　）
2. 用万用表测量电阻时，测量前或改变欧姆档位后都必须进行一次欧姆调零。（　）
3. 使用电工刀时，应使刀刃与导线成较小的角度。（　）
4. 使用功率小的电烙铁去焊接大的元器件，会产生虚焊从而影响焊接质量。（　）
5. 在电工技术上，电阻系数大于 $10^9\Omega/cm$ 的物质所构成的才称为绝缘材料。（　）
6. 在外界磁场作用下，能呈现出不同磁性的物质称为磁性材料。（　）
7. 变压器的空载状态是指：一次绕组加上交流电源电压 U_i，二次绕组开路（不接负载）。因此，一次绕组中没有电流通过。（　）
8. 在电子设备用的电源变压器中，安放静电屏蔽层的目的是减弱电磁场对电子线路的干扰。（　）
9. 为防止电压互感器铁心和金属外壳意外带电而造成触电事故，电压互感器外壳必须进行保护接地。（　）
10. 交流电动机额定电压是指电动机在额定工作运行时定子绕组规定使用的线电压。（　）
11. 直流电动机额定电流是指轴上带有机械负载时的输出电流。（　）
12. 异步电动机定子绕组有一相开路时，对三角形联结的电动机，如用手转动后即能起动。（　）

13. 用灯泡检查法检查异步电动机定子绕组引出线首尾端，若灯亮则说明两相绕组为正串联。（　）

14. 三相异步电动机的绝缘电阻低于0.2MΩ，说明绕组与地间有短路现象。（　）

15. 若交流电机铭牌上有两个电流值，则表明绕组在两种接法时的输入电流。（　）

16. 低压断路器的选用原则是其额定工作的电压大于等于线路额定电压；热脱扣器的整定电流不小于所控制负载的额定电流。（　）

17. 电阻器与变阻器的选择参数主要是额定电阻值和额定电流值，与工作制无关。（　）

18. 交流接触器的银或银合金触头在分断时电弧产生黑色的氧化膜电阻，会造成触头接触不良，因此必须锉掉。（　）

19. 造成接触器触头熔焊的原因有三个：(1) 选用规格不当；(2) 操作频率过高；(3) 触头弹簧损坏，初压力减小，触头闭合过程中产生振动。（　）

20. 凡有灭弧罩的接触器，为了观察方便，空载、轻载试起动时，允许不装灭弧罩起动电动机。（　）

21. 熔断器主要用于用电设备的短路保护，只要额定电压和额定电流选择得当，熔断器可以互换使用或代替使用。（　）

22. 欠电压是指线路电压低于电动机应加的额定电压。（　）

23. 复合联锁正反转控制电路中，复合联锁是由按钮和接触器的辅助常开触头复合而成的。（　）

24. 线管配线时，管内导线最小截面积：铜芯线不小于$1mm^2$，铝芯线不小于$2.5mm^2$。（　）

25. 照明控制电路中，开关的作用是控制电路的接通或断开，所以开关既可接在相线上，又可接在零线上。（　）

26. 由于二极管是单向导通的器件，因此测量出来的正向电阻值与反向电阻值相差越小越好。（　）

27. 对于晶体管来说，无论是PNP型，还是NPN型，都可看成是两只二极管反接性串联而成的。（　）

28. 触电的危险程度完全取决于通过人体的电流的大小。（　）

29. 220V白炽灯电路安装时，相线必须经开关装设。用螺口灯头时，相线应接在灯头中心弹簧的端头上。（　）

30. 在电源线路中，PE表示保护中性线。（　）

31. 修理后的直流电机一定要先经过空载试验，然后才能进行耐压试验。（　）

32. 凡有灭弧罩的接触器，一定要装妥灭弧罩后方能通电起动电动机。（　）

33. 画放大电路的交流通道时，电容可看作开路，直流电源可认为短路。（　）

34. 变压器是一种利用电磁感应原理，将某一数值的交流电压转变成为频率相同的另一种或两种以上电压的交流电器设备。（　）

35. 冲击合闸试验第一次合闸时应不小于10min。（　）

36. 当单相变压器一、二次绕组的同名端同时取为首端（或末端）时，一、二次绕组的相电压U_x和U_z应为同相位。（　）

37. 合闸供电时，先将高压隔离开关合上，再合上低压开关向用电线路供电。在开闸停电时，与合闸时相反。 (　　)

38. 对修理后的直流电动机进行空载试验，其目的在于检查各机械运转部分是否正常、有无过热现象、有无异常噪声和振动。 (　　)

39. 直流电机电刷磨损后，应按电机制造厂规定的同一型号进行更换。 (　　)

40. 对高压电器进行交流耐压试验时，加至标准试验电压后的持续时间，如无特殊说明，均为1min。 (　　)

41. 照明用低压断路器的瞬时整定值应等于2.5～3倍的线路计算负载电流。 (　　)

42. 热继电器误动作是因为其电流整定值太大造成的。 (　　)

43. 低压断路器闭合后如在一定时间内自行分断，是因为内部电流脱扣器延时整定值不对，即过电流脱扣器瞬间整定值太小。 (　　)

44. 交流无触头开关中的晶闸管不加触发电压，它们就处于截止状态，相当于电源开关断开。 (　　)

45. 在实用交流调压设备中，越来越普遍使用双向晶闸管来取代两只反向并联的普通晶闸管。 (　　)

46. 数字式万用表在测量直流电流时，仪表应与被测电流并联。 (　　)

47. 用示波器测量电信号时，被测信号必须通过专用探头引入示波器，不用探头就不能测量。 (　　)

48. 直流双臂电桥又称为惠斯顿电桥，是专门用来测量电阻的比较仪表。 (　　)

49. 对于长期不使用的仪器，至少三个月应通电4～8h一次。 (　　)

50. 起吊设备时，只允许一人指挥，同时指挥信号必须明确。 (　　)

51. 变压器无论带什么性质的负载，只要负载电流继续增大，其输出电压就必然降低。 (　　)

52. 若三相异步电动机定子绕组接线错误或嵌反，通电时绕组中电流的方向也将变反，但电动机磁场仍将平衡，一般不会引起电动机振动。 (　　)

53. 当电路中的参考点改变时，某两点间的电压也将随之改变。 (　　)

54. 电灯泡的灯丝断裂后再搭上使用，灯泡反而更亮，其原因是灯丝电阻变小而功率增大了。 (　　)

55. 放大器的输入电阻是从放大器输入端看进去的等效电阻，它是个直流电阻。 (　　)

56. 直流放大器可以放大交流信号，但交流放大器却不能放大直流信号。 (　　)

57. 二进制数中的数字只有0和1，逻辑变量的值通常也用0和1表示，所以说逻辑变量的值和二进制数是没有区别的。 (　　)

58. JT—1型测试仪是测量晶体管的专用仪器，对晶体管的参数既可定性测量又可定量测量。 (　　)

59. 示波器衰减电路的作用是将输入信号变换为适当的量值后再加大到放大电路上，目的是为了扩展示波器的幅度测量范围。 (　　)

60. 在放大电路中，不管是PNP管还是NPN管，只要基极电位升高，其集电极电位就必定降低。 (　　)

61. 晶闸管具有可以控制的单向导电性，而且控制信号很小，阳极回路被控制的电流可

以很大。（　　）

62. 直流－交流变频器，是指把直流电能（一般可采用整流电源）转变为所需频率的交流电能，所以叫逆变器。（　　）

63. 在能耗制动时，为了能将转子的机械动能转换为电能，并在电阻上再转化为热能消耗掉，因此不论是三相交流异步电动机还是直流电动机都必须在定子回路中通入一定的直流电流，同时在转子回路中串入一定值的电阻。（　　）

64. 数控机床所用无触头行程开关（接近开关）有常开、常闭、PNP、NPN 等类型之分，在更换时切勿搞错。（　　）

65. PLC 的工作过程是周期循环扫描，基本分成三个阶段进行，即：输入采样阶段、程序执行阶段和输出刷新阶段。（　　）

66. 只要示波器或晶体管图示仪正常，电源电压也正常，则通电后可立即投入使用。（　　）

67. 操作晶体管图示仪时，应特别注意功耗电阻、阶梯选择和峰值范围选择开关的位置，它们是导致管子损坏的主要原因。（　　）

68. 示波器的外壳与被测信号电压应有公共的接地点。同时，尽量使用探头测量的目的是为了防止引入干扰。（　　）

69. 电磁系仪表既可以测量直流电量，也可以测量交流电量，且测交流时的刻度与测直流时的刻度可以相同。（　　）

70. 晶体管的电流放大系数 β 值越大，说明该管的电流控制能力越强，所以晶体管的 β 值越大越好。（　　）

71. 差动放大器存在零点漂移的原因是电路参数不完全对称，在理想对称的情况下是可以完全消除零点漂移现象的。（　　）

二、填空题

1. 全部停电和部分停电检修工作时，为保证安全应采取________、________、________、________、________、________等。

2. 接地和接零的不同之处是________、________、________。

3. 新装修和大修后的低压线路和设备要求绝缘电阻不低于________。

4. 室内低压线路的敷设方式有________和________两种。

5. 户外起重机配线一律采用________敷设。

6. 用水枪灭火时，水枪喷嘴至带电体的距离：电压 110kV 及以下不应________，220kV 以下者不应________。

7. 静电的危害有________、________、________和________。

8. 清除静电危害最简单的方法就是________，它属于泄漏法。

9. 低压进户线对地距离不应小于________。

10. 电流互感器二次侧不允许装设________和________。

11. 电气安全装置按照结构可分为________、________和________三种类型。

12. 设备漏电时，会出现两种异常现象：________、________。

13. 电气安全联锁装置按用途可分为________、________、________和________。

14. 信号和报警装置大体上由________、________、________、________等几部分组

成。

15. 危险物品分为________、________、________、________、________、________、氧化剂 7 类。

16. 电磁场对人体的伤害受________、________、________、________、________、环境条件、人员因素的影响。

17. 电路中形成持续电流的条件是________、________。

18. 三相交流电源的接线方式有________和________。

19. 测量电压为 500V 以下线路或设备的绝缘电阻时应选________或________的兆欧表。

20. 对于低压设备，网眼遮拦与裸导线距离不宜小于________。

21. 同杆架设时，低压线路之间的距离不得小于________。

22. 电流互感器二次侧不允许________。

23. 一般要求保护接地电阻 R ________。

24. 常用低压开关电器有________、________、________。

25. 单相设备的特点是________、________、________、________、________。

26. 电焊机二次侧接焊钳的一端________。

27. 防直击雷的主要措施就是装设________、________、________和________。

28. 从本质上讲，触电是电流对人体的伤害。电流对人体的伤害可分为________和________两种类型，绝大多数触电死亡是________造成的。

29. 按照人体触及带电体的方式和电流通过人体的途径，触电可分为________、________、________三种情况。

30. 对于工频电流，成年男性的平均感知电流约为 1.1mA，平均摆脱电流约为________，平均致命电流约为________。

31. 根据国家 GB3805—1983 对安全电压的规定，国家不同感知环境的不同需求把安全电压分为________、________、________、________和________等五个不同等级。

32. 当电气设备采用 24V 以上的安全电压时，必须采取措施________，其电路必须与大地绝缘。

33. 触电急救应按________、________、________、________八字急救原则，根据触电者的具体情况，进行相应救治。

34. 在一般的工作环境中，新装和大修后的低压线路和设备，要求绝缘电阻不低于________，携带式电气设备的绝缘电阻不低于________，配电盘二次线路的绝缘电阻不低于________。

35. 漏电保护装置按动作时间的不同可分为________、________、________三型。

36. 消除静电危害的措施大致可分为________、________、________三类。

37. 电路通过人体内部，对人体的伤害的严重程度与通过人体的________、________、________、________以及人体状况等多种因素有关。

38. ________、________和________是防止施工人员触及或过分接近带电体造成事故以及防止短路、故障接地等电气事故的安全措施。

39. 对重复接地的电阻的要求中，当工作接地电阻不大于________时，每一重复接地装置的重复接地电阻不应大于________。

40. 电气线路必须有足够的________、________、满足发热和允许电压损失的要求。

41. 照明电路和动力电路常见的故障主要有________、________、________三种。

42. 按通过人体电流大小不同，人体反应的不同，电流可分为________、________和________三级。

43. 电流频率不同，对人的伤害不同，最严重的是________的交流电。

44. 携带式设备可采取的安全措施有________、________、________、________和________。

45. 火灾报警常用装置有________、________、________和________等。

46. 雷电的危害有________、________、________。

47. 为保证供电安全性，380/220V 供电系统中应推广使用________。

三、选择题

1. 下列工具中，________手柄处是不绝缘的。

（a）斜口钳　（b）剥线钳　（c）电工刀

2. 测量车间电气设备的绝缘状态时可用________。

（a）万用表“R×10k”档　（b）250V 兆欧表

（c）500V 兆欧表

3. ________专供剪断较粗的金属丝线材及电线电缆。

（a）斜口钳　（b）尖嘴钳　（c）剥线钳

4. 变压器是一种将交流电压升高或降低，并且能保持其频率________的静止电器设备。

（a）升高　（b）不变　（c）降低

5. 修复后的小型变压器的各绕组之间和它们对铁心（地）的绝缘电阻，其值不应低于________。

（a）0.5MΩ　（b）1MΩ　（c）10MΩ

6. 电压互感器二次绕组额定电压一般规定为________。

（a）24V　（b）100V　（c）220V

7. 直流电动机额定转速是指电动机________运行时的转速，以每分钟的转数表示。

（a）连续　（b）短时　（c）断续

8. 用电压降法检查三相异步电动机一相短路时，对 1kW 以上电动机应选用________。

（a）10V　（b）20V　（c）30V

9. 三相异步电动机，在切除故障线圈以后，电动机的输出功率要________。

（a）升高　（b）降低　（c）相等

10. 各段熔断器的配合中，电路上一级的熔断时间应为下一级熔断器的________以上。

（a）一倍　（b）二倍　（c）三倍　（d）四倍

11. 低压断路器的选用原则中，热脱扣器的整定电流应________所控制的负载的额定电流。

（a）小于　（b）等于　（c）大于　（d）不小于

12. 直流电磁铁的吸力与________有关。

（a）线圈匝数　（b）线圈内电流

（c）气隙长度和铁心截面积　（d）以上所有的因素

13. 接触器触头重新更换后应调整________。

(a) 压力，开距，超程　(b) 压力

(c) 压力，开距　(d) 超程

14. 造成交流接触器线圈过热而烧毁的原因是________。

(a) 电压过高　(b) 电压过低

(c) 线圈短路　(d) 以上原因都有可能

15. 设三相异步电动机额定电流 $I_N = 10A$，进行频繁的带负载起动，熔体的额定电流应选________。

(a) 10A　(b) 15A　(c) 50A　(d) 25A

16. 热继电器从热态开始，通过 1.2 倍整定电流的动作时间是________以内。

(a) 5min　(b) 10min　(c) 20min　(d) 30min

17. 需要频繁起动电动机时，应选用________控制。

(a) 刀开关　(b) 负荷开关　(c) 低压断路器　(d) 接触器

18. 电动机直接起动时，其起动电流通常为额定电流的________。

(a) 2~4 倍　(b) 4~6 倍　(c) 6~8 倍

19. 接触器触头熔焊会出现________。

(a) 铁心不吸合　(b) 铁心不释放　(c) 线圈烧坏

20. 灯具安装应牢固，灯具重量超过________kg 时，必须固定在预埋的吊钩或螺钉上。

(a) 2　(b) 3　(c) 4　(d) 5

21. 在荧光灯的电源上，有时并接一个电容器，其作用是________。

(a) 改善功率因数　(b) 缩短起辉时间

(c) 限制灯管工作电流

22. 凡接到任何违反电气安全工作规程制度的命令时应________。

(a) 考虑执行　(b) 部分执行　(c) 拒绝执行

23. 各接地设备的接地线与接地干线相连时，应采用________。

(a) 串联方式　(b) 并联方式　(c) 混接方式

24. 胸外心脏挤压法每分钟的动作次数为________。

(a) 12 次　(b) 60 次　(c) 120 次

25. 对修理后的直流电动机进行各绕组之间耐压试验时，试验电压升到最高值后，应维持________，然后再调低试验电压，最后切断电源。

(a) 0.5min　(b) 1min　(c) 2min

26. Y接法的三相异步电动机，在空载运行时，若定子一相绕组突然断路，则电动机________。

(a) 必然会停止转动 (b) 有可能继续运行 (c) 肯定会继续运行

27. 热继电器从冷态开始，通过 1.5 倍整定电流的动作时间是________以上。

(a) 5s　(b) 10s　(c) 1min

28. 独立避雷针的冲击接地电阻一般不应大于________。

(a) 10Ω　(b) 15Ω　(c) 20Ω

29. 三角形联结的三相笼型异步电动机，若误接为星形，那么在额定负载转矩下运行时，其铜耗和温升会________。

（a）减小 （b）增大 （c）不变

30. 某三相异步电动机的额定电压为380V，其交流耐压试验电压应为________。

（a）380V （b）500V （c）1000V （d）1760V

31. 单相变压器在进行短路试验时，应将________。

（a）高压侧接入电源，低压侧短路 （b）低压侧接入电源，高压侧短路

（c）高压侧接入电源，低压侧短路；然后再将低压侧接入电源，高压侧短路

32. 在一组结构完全相同（直径、长度、匝数等）的线圈中，电感量最大的是________。

（a）空心线圈 （b）硅钢片心线圈 （c）坡膜合金心线圈

33. 在线路中，电容器的主要作用是________。

（a）隔断直流 （b）隔断直流，短路交流

（c）隔断直流，对交流有一定的阻力或短路

34. 在通常情况下，对人体而言，安全电压值一般为________。

（a）小于6V （b）小于36V （c）小于220V

35. 在通常情况下，对人体而言，安全电流值一般为________。

（a）小于10mA （b）小于50mA （c）小于200mA

36. NPN、PNP晶体管作放大时，其发射结________。

（a）均加反向电压 （b）均加正向电压

（c）NPN管加正向电压，PNP管加反向电压

37. 有三级放大器，每级放大器的电压增益分别为25dB、35dB、20dB，则放大器总的电压增大倍数为________。

（a）80倍 （b）1000倍 （c）10000倍

38. 指针式万用表性能的优劣，主要看________。

（a）灵敏度高低 （b）功能多少 （c）量程大小

39. 指针式万用表测量交流电压，只在________频率范围内测量才符合要求。

（a）45～1000Hz （b）50～60Hz （c）0～60Hz

40. 钳形电流表与一般电流表相比，________。

（a）测量误差较小 （b）测量误差一样 （c）测量误差较大

41. 人体只触及一根相线（火线），这是________。

（a）双线触电 （b）单线触电 （c）不是触电

42. 熔丝熔断后，更换新熔丝时，应注意________。

（a）更换相同规格的新熔丝 （b）加大熔丝的规格

（c）减小熔丝的规格

43. 有一电源为24V，现在只有额定电压12V的信号灯，要使用这些信号灯时，应该________。

（a）直接接到电源上，即可使用 （b）无法使用这些信号灯

（c）将两个相同功率的信号灯串联接到电源上

44. 小型变压器一般采用________在绕线模上绕制而成，然后套入铁心。

（a）圆铜线　（b）长方形扁铜线
（c）塑料绝缘导线

45. 正常情况下，变压器油应是透明略带________。
（a）红色　（b）黄色　（c）紫色

46. 修理后的直流电动机进行各项试验的顺序应为________。
（a）空载试验→耐压试验→负载试验　（b）空载试验→负载试验→耐压试验
（c）耐压试验→空载试验→负载试验

47. 对于工频电流，男性平均摆脱电流约为________。
（a）1.1mA　（b）16mA　（c）30mA　（d）50mA

48. 近年来机床电器逐步推广采用的无触头位置开关，80%以上采用的是________型。
（a）电容　（b）光电　（c）高频振荡　（d）电磁感应

49. 低压断路器中的电磁扣承担________保护作用。
（a）过电流　（b）过载　（c）失电压　（d）欠电压

50. 晶闸管交流调压电路输出的电压与电流波形都是非正弦波，导通角 θ________，即输出电压越低时，波形与正弦波差别越大。
（a）越大　（b）越小　（c）等于90°

51. 测绘中，配合精度高的零件尽量________。
（a）不拆　（b）先拆　（c）后拆

52. 一台三相异步电动机，其铭牌上标明额定电压为220/380V，其接法是________。
（a）Y/△　（b）△/Y　（c）△/△　（d）Y/Y

53. 在测量直流电量时，无需区分表笔极性的仪表是________。
（a）磁电系　（b）电磁系　（c）静电系

54. 电压表的内阻________。
（a）越小越好　（b）越大越好　（c）适中为好

55. 普通功率表在接线时，电压线圈和电流线圈的关系是________。
（a）电压线圈必须接在电流线圈的前面
（b）电压线圈必须接在电流线圈的后面
（c）视具体情况而定

56. 晶闸管触发导通后，其控制极对主电路________。
（a）仍有控制作用　（b）失去控制作用
（c）有时仍有控制作用

57. 要想使正向导通着的普通晶闸管关断，只要________即可。
（a）断开控制极　（b）给控制极加反压
（c）使通过晶闸管的电流小于维持电流

58. 下列逻辑运算式中正确的是________。
（a）1+1=2　（b）1+1=10　（c）1+1=1

59. 解决放大器截止失真的方法是________。
（a）增大上偏电阻　（b）减小集电极电阻 R_C
（c）减小上偏电阻

60. 在由二极管组成的单相桥式整流电路中，若一只二极管断路，则________。

（a）与之相邻的另一只二极管将被烧坏　（b）电路仍能输出单相半波信号

（c）其他三只管子相继损坏

61. 在下列滤波电路中，外特性硬的是________。

（a）电感滤波　（b）电容滤波

（c）*RC* 组成的 π 型滤波

62. 最简逻辑表达式的条件是________。

（a）乘积项个数最少　（b）每一乘积项中变量的个数最少

（c）乘积项个数最少，同时每个乘积项中变量的个数也最少

63. 在一般示波器上都设有扫描微调钮，该钮主要用来调节________。

（a）扫描幅度　（b）扫描频率　（c）扫描频率和幅度

64. 空心线圈穿入磁心，其电感量、品质因数的变化情况为________。

（a）电感量加大、品质因数减小　（b）电感量减小、品质因数减小

（c）电感量加大、品质因数加大

65. 用万用表可初步判断电容器的好坏，但电容器的容量应________。

（a）大于 0.01μF　（b）大于 1000pF　（c）小于 100pF

66. 异步电动机中旋转磁场是________的。

（a）由永久磁铁的磁场作用产生　（b）由通入定子中的交流电流产生

（c）由通入转子中的交流电流产生

67. 在三相四线制交流供电系统中，其中线电流________。

（a）始终为 0，可以去掉中线　（b）始终大于 0，不可去中线

（c）在三相负载为平衡时为 0，可以去掉中线

68. 在三相交流供电系统中，一对称的三相负载，接成△形与接成丫形，其功率关系为________。

（a）接成△的功率比接成丫形的功率大 3 倍

（b）接成△的功率比接成丫形的功率大$\sqrt{3}$倍

（c）二者功率相等，没有变化

69. 三相电动机的正常接法若是△形，当错接成丫形，则________。

（a）电流变低，输出的机械效率为额定功率的 1/2

（b）电流变低，输出的机械效率为额定功率的 1/3

（c）电流、电压、效率基本不变

70. 已知三相交流电源的线电压为 220V，若三相电动机每相绕组的额定电压是 220V，则应接成________。

（a）△或丫形　（b）只能接成丫形

（c）只能接成△形

71. 已知三相交流电源的线电压为 380V，若三相电动机每相绕组的额定电压是 220V，则应接成________。

（a）△或丫形　（b）只能接成丫形

（c）只能接成△形

72. 晶体管作放大时，它的两个 PN 结的工作状态为________。

（a）均处于正向偏置　　（b）均处于反向偏置

（c）发射结处于正向偏置，集电结处于反向偏置

73. 输入阻抗高、输出阻抗低的放大器有________。

（a）共发射极放大器　　（b）射极跟随器

（c）共基极放大器

74. 从目前的技术水平看，模拟集成电路内部所制成的电容值大致为________。

（a）几 pF 至几十 pF　　（b）几十 pF 至几百 pF

（c）几百 pF 至几千 pF

75. 开关电源的开关调整管在稳压过程中，始终处于________。

（a）放大状态　　（b）周期性通断状态

（c）饱和状态

76. 一桥式整流装置的输入交流电压为 220V，则作为整流管之一的晶闸管耐压应________。

（a）大于 311V　　（b）大于 220V　　（c）大于 440V

77. 数字式万用表的显示一般为________。

（a）液晶显示器　　（b）发光管显示　　（c）荧光显示

78. 利用示波器测量电压，常用的方法是________。

（a）比较法　　（b）标尺法　　（c）时标法

79. 利用示波器测量时间，一般有两种方法，一为直接测量法，二为________。

（a）替换法　　（b）时标法　　（c）李沙育图形法

80. 抑制零点漂移最有效的直流放大电路形式是________。

（a）差动放大电路　　（b）正反馈电路　　（c）稳压电路

81. 集成运算放大器的最主要特点之一是________。

（a）输入电阻很大　　（b）输入电阻为零　　（c）输出电阻很大

82. 为了降低铁心中的________，叠片间要互相绝缘。

（a）涡流损耗　　（b）空载损耗　　（c）短路损耗　　（d）无功损耗

83. 为了调压，常在________上抽若干分接头。

（a）低压绕组　　（b）高压绕组　　（c）高低压绕组

84. 将万用表置于“R×1k”或“R×10k”档，测量晶闸管阳极和阴极之间的正反向阻值时，原则上，其阻值________。

（a）越大越好　　（b）越小越好　　（c）正向时要小，反向时要大

85. 在下列直流稳压电路中，效率最高的是________。

（a）串联型稳压电路　　（b）开关型稳压电路

（c）并联型稳压电路　　（d）硅稳压管稳压电路

86. 三相异步电动机能耗制动是利用________相配合完成的。

（a）直流电源和转子回路电阻　　（b）交流电源和转子回路电阻

（c）直流电源和定子回路电阻　　（d）交流电源和定子回路电阻

87. 微型计算机的核心部分是________。

（a）存储器　（b）输入设备　（c）输出设备　（d）中央处理器

88. 三相异步电动机在额定负载的情况下，若电源电压超过其额定电压10%，则会引起电动机过热；若电源电压低于其额定电压10%，电动机将________。

（a）不会出现过热现象　（b）不一定出现过热现象

（c）肯定出现过热现象

89. 下列逻辑关系中，错误的是________。

（a）$A \times A = A$　（b）$A + 1 = A$　（c）$A \times 1 = A$

90. 对于一确定的晶闸管来说，允许通过它的电流平均值随导通角的减小而________。

（a）增加　（b）减小　（c）不变

91. 与二进制数10110101相对应的十进制数为________。

（a）181　（b）180　（c）67

92. CMOS集成电路的输入端________。

（a）不允许悬空　（b）允许悬空　（c）必须悬空

93. 指针式万用表测量直流电压和直流电流正常，但不能测量交流电压，常见原因是________。

（a）表头断线　（b）表笔断线　（c）表内整流装置损坏

94. 指针式万用表的欧姆调零装置是一个________。

（a）可调电感器　（b）可调电容器　（c）电位器

95. 数字式万用表所使用的电池电压过低时________。

（a）所有的测量功能都不能工作　（b）仍能测量电压、电流

（c）仍能测量电阻

96. 在一般情况下，人体能忍受的安全电流为________。

（a）100mA　（b）500mA　（c）10mA　（d）0.5～5mA

97. 国际电工委员会规定安全电压的上限值为50V，现行规定一般场所安全电压不超过________。

（a）24V　（b）50V　（c）42V　（d）36V

98. 同杆架设线路时，低压线路之间不得小于________。

（a）1.5m　（b）0.3m　（c）0.6m　（d）1m

99. 在低压工作中，人体或其所携带工具与带电体的距离不应小于________。

（a）0.1m　（b）10m　（c）无距离要求

100. 采用隔离变压器作安全电压源时，变压器的二次侧________。

（a）应接地或接零　（b）不应该接地或接零

（c）应接地

101. 为防雷电侵入波架空线路终端，应装设________。

（a）避雷针　（b）避雷带　（c）接地线　（d）阀型避雷器

102. 对人体危害最大的电流________。

（a）直流电流　（b）高频电流　（c）冲击电流　（d）工频电流

103. 低压线路杆塔接零电阻一般不应超过________。

（a）50Ω　（b）400Ω　（c）80Ω

104. 硬母线通常用铝排或铜排制成，按 U、V、W 三相分别涂为________色。

（a）黄、红、绿　（b）绿、红、黄　（c）红、绿、黄　（d）黄、绿、红

105. 电杆埋深一般为杆长的________。

（a）1/2　（b）1/4　（c）1/6　（d）1/8

106. 临时接地线应采用________以上的多股软铜线。

（a）$8mm^2$　（b）$16mm^2$　（c）$25mm^2$　（d）$35mm^2$

107. 在一般情况下人体所允许的电流可按________考虑。

（a）20mA　（b）100mA　（c）30mA　（d）40mA

108. 为识别 U、V、W 三相电源，常用颜色来加以区分，U、V、W 三相颜色分别为________。

（a）红、绿、黄　（b）黄、绿、红　（c）绿、黄、红　（d）黄、红、绿

109. 热继电器主要用于线路或设备的________保护。

（a）短路　（b）过载　（c）断路

110. 瓷底胶盖刀开关________灭弧装置。

（a）有　（b）没有　（c）有部分

111. 常用的安全电压有________。

（a）36V、24V、12V、6V　（b）50V、42V

（c）380V、220V

112. 用于低压等级的绝缘手套应________检查一次。

（a）1 年　（b）半年　（c）2 年

113. 隔离开关主要是用来________。

（a）隔离高压电源　（b）隔离低压电源　（c）通断负荷电流

114. 用水枪灭火时，枪嘴离带电体的距离________（电压 110kV 以下）。

（a）不应小于 3m　（b）不应小于 1m　（c）0.5m　（d）无要求

115. 对于一般接地体，离接地体________以外，电位差几乎为零。

（a）10m　（b）1m　（c）2m　（d）20m

116. 为防止电磁场的伤害，主要是采取________措施。

（a）屏蔽　（b）阻碍　（c）安全电压　（d）断开电源

117. 下列说法中与现实不相符合的是________。

（a）低压设备触电事故多　（b）携带式设备和移动式设备触电事故多

（c）冬天触电事故比夏天多　（d）电气连接部位触电事故多

118. 具有人体可能偶然触及的带电体的设备应选用的安全电压为________。

（a）220V　（b）110V　（c）36V　（d）12V

119. 在低压触电事故中，采用下列方法使触电者脱离电源，其中不正确的是________。

（a）用绝缘良好的工具切断电源线　（b）抓紧他的鞋，将其拖离开

（c）在其身体下插入干燥木板，以隔断电源

（d）用绝缘良好的工具挑开电线

120. 在 1000V 及以下的低压系统中，为限制设备漏电时外壳对地电源不超过安全范围，一般要求保护接地电阻不大于________。

(a) 30Ω　　(b) 10Ω　　(c) 4Ω　　(d) 0.5Ω

121. 串联回路中总电流________各负载流过的电流。

(a) 大于　　(b) 小于　　(c) 等于

122. 带电灭火时，不能用________灭火机灭火。

(a) 二氧化碳　　(b) 干粉　　(c) 泡沫

123. 星形－三角形起动器只能用于运行时________联结的电动机的减压起动。

(a) 三角形　　(b) 星形　　(c) 三角形和星形

124. 携带式电气设备的绝缘电阻不应低于________ MΩ。

(a) 2　　(b) 1　　(c) 0.5

125. 保护接零适用于中性点________的低压电网。

(a) 不接地　　(b) 接地　　(c) 其他

126. 中性点直接接地的低压电网中，每一重复接地的接地电阻一般不得超过________Ω。

(a) 4　　(b) 10　　(c) 15

127. 电动机运行时，一般三相电压不平衡不得超过________。

(a) 15%　　(b) 25%　　(c) 5%

128. 衡量绝缘物的绝缘性能的最基本的性能指标是________。

(a) 击穿强度　　(b) 泄漏电流　　(c) 绝缘电阻　　(d) 介质损耗

129. 低压配电装置背面通道宽度一般不应小于________。

(a) 1m　　(b) 0.5m　　(c) 0.3m

四、名词解释

1. 接零
2. 工作接地
3. 接触电压
4. 感知电流
5. 保护接地
6. 电伤
7. 安全电压
8. 跨步电压
9. 漏电保护装置
10. 自感电动势
11. 电火花

五、简答题

1. 使用电流、电压表应注意什么问题?
2. 如何查找电动机过载的主要原因?
3. 怎样用灯泡检查法判别三相异步电动机定子绕组引出线的首尾端?
4. 三相异步电动机修复后一般要做哪些试验?
5. 试述低压断路器的工作原理。
6. 一般电动机电气控制电路中常用的环节有哪些?

7. 常用的机床控制电路中有哪些环节？各起什么作用？

8. 实现对三相笼型电动机的正、反转控制有哪些方法？

9. 导线连接的基本要求是什么？

10. 插座安装的注意事项有哪些？

11. 用万用表判断二极管极性的原理是什么？

12. 为什么在制作铁心的硅钢片上每层都要涂上一层绝缘漆？

13. 为什么控制电器在分断电路时会产生电弧？

14. 什么是导线的安全载流量？

15. 如何用一只功率表测量三相对称电路的无功功率？说明其道理？

16. 通用示波器的主要组成部分有哪些？

17. 试述电子设备中接地的含义？

18. 简述带电作业的注意事项。

19. 防止触电的技术措施有哪些？

六、计算题

1. 有十个 220V 的灯泡并联在 220V 的电源上，灯泡的灯丝电阻都为 500Ω，问线路应选多大的熔丝。

2. 已知：一台电动机 $U = 380V$，$P = 10kW$，该电动机应选多大的熔丝。（$\cos\varphi = 0.85$，$\sqrt{3} = 1.732$）

3. 在三相四线制的低压配电系统中，有一台电动机，机壳直接接地，其接地电阻 $R_d = 4\Omega$，变压器中性点接地点接地电阻 $R_0 = 4\Omega$，当电动机某相发生碰壳短路时，若有人用手触及到电动机外壳，则会发生什么危险，试计算说明。

4. 有两个 220V 的灯泡并联在 220V 的电源上，一个灯丝的电阻 $R_1 = 484\Omega$，另一个灯泡的灯丝电阻 $R_2 = 809\Omega$，问流过两个灯泡电流 I_1 和 I_2 各是多少？线路的总电流 I 是多少？

5. 有一台三相电阻炉，每相电阻为 $R = 5.78\Omega$，试求：（$\cos\varphi = 1$）

①在 380V 线电压下，接成△和Y时各从电网取用的功率。

②在 220V 线电压下，接成△所消耗的功率。

6. 三相四线制电路中，相电压 $U_\phi = 220V$，电网中性点工作接地电阻 $R_0 = 4\Omega$，有一人其人体电阻为 1700Ω，当人触及电源一相时是否有触电危险，为什么？

附录 C　维修电工鉴定考核试题参考答案

一、是非题

1. ×　2. √　3. √　4. √　5. √　6. √　7. ×　8. √　9. √　10. ×　11. ×
12. ×　13. √　14. √　15. √　16. ×　17. ×　18. ×　19. √　20. ×　21. ×
22. √　23. √　24. √　25. ×　26. ×　27. √　28. √　29. √　30. ×　31. ×
32. √　33. ×　34. √　35. √　36. √　37. √　38. √　39. √　40. √　41. ×
42. ×　43. ×　44. √　45. √　46. ×　47. √　48. ×　49. √　50. √　51. ×
52. ×　53. ×　54. √　55. ×　56. √　57. ×　58. ×　59. √　60. √　61. √
62. √　63. ×　64. √　65. √　66. ×　67. √　68. √　69. √　70. ×　71. √

二、填空题

1. 停电、放电、验电、装设临时接地线、装设遮拦、悬挂表示牌
2. 保护原理不同、适用范围不同、线路结构不同
3. 0.5MΩ
4. 明敷、暗敷
5. 管配线
6. 小于3m、小于5m
7. 爆炸、火灾、电击、妨碍生产
8. 接地
9. 2.5m
10. 开关、熔断器
11. 机械式、电动式、电子式
12. 三相电流的平衡遭到破坏、某些正常时不带电的金属部分出现对地电压
13. 防止触电事故的联锁装置、排除电气故障的联锁装置、执行安全程序的联锁装置、非电事故的联锁装置
14. 检测机构、放大机构、执行机构、操作电源
15. 爆炸物品、易燃和可燃液体、易燃和助燃气体、自燃物品、遇水燃烧物品、易燃固体
16. 电磁场强度、电磁波频率、电磁波波形、电磁波照射时间、人体被照射的面积和部位
17. 有电源、电路闭合
18. 星形、三角形
19. 500V、1000V
20. 0.15m
21. 0.6m
22. 开路
23. ≤4Ω
24. 刀开关、封闭式负荷开关、低压断路器
25. 数量大、分布广、移动性大、有工作零线、不便管理
26. 不许接零（或接地）
27. 装设避雷针、避雷线、避雷网、避雷带
28. 电击、电伤、电击
29. 单相触电、两相触电、跨步电压触电
30. 16mA，50mA
31. 42V、36V、24V、12V、6V
32. 防止直接接触带电体
33. 迅速、就地、准确、坚持
34. 0.5MΩ、2MΩ、1MΩ
35. 快速型、定时限型、反时限型

36. 泄漏法、中和法、工艺控制法
37. 电流的大小、频率、持续时间、通过人体的途径
38. 绝缘、屏护、间距
39. 4Ω，10Ω
40. 绝缘强度、机械强度
41. 短路、断路、漏电
42. 感知电流、摆脱电流、致命电流
43. 25 ~ 300Hz
44. 接地或接零、安全电压、采用隔离变压器、双重绝缘、采用保护用具
45. 光电感烟式、离子感烟式、红外线式、感温式
46. 电性质的破坏作用、热性质的破坏作用、机械性质的破坏作用
47. 三相五线制

三、选择题

1. c	2. c	3. a	4. b	5. b	6. b	7. a	8. c	9. b	10. c
11. b	12. d	13. a	14. d	15. d	16. c	17. d	18. c	19. b	20. b
21. a	22. c	23. b	24. b	25. b	26. b	27. a	28. a	29. b	30. d
31. a	32. c	33. c	34. b	35. a	36. b	37. c	38. a	39. a	40. c
41. b	42. a	43. c	44. a	45. b	46. c	47. b	48. c	49. a	50. c
51. b	52. a	53. b	54. b	55. b	56. c	57. b	58. c	59. c	60. b
61. a	62. c	63. b	64. c	65. a	66. b	67. c	68. a	69. b	70. c
71. b	72. c	73. b	74. a	75. b	76. a	77. a	78. b	79. b	80. a
81. a	82. a	83. b	84. a	85. b	86. a	87. d	88. c	89. b	90. b
91. a	92. a	93. c	94. c	95. a	96. d	97. d	98. c	99. a	100. b
101. d	102. d	103. a	104. d	105. c	106. c	107. c	108. b	109. b	110. b
111. a	112. b	113. a	114. a	115. d	116. a	117. c	118. d	119. b	120. c
121. c	122. a	123. c	124. a	125. a	126. b	127. c	128. a	129. a	

四、名称解释

1. 答：就是把电气设备在正常情况下不带电的金属部分与电网的零线紧密地连接起来。

2. 答：变压器低压侧中性点的接地。

3. 答：人接触与接地装置连接的电工设备外壳等，接触点和人站立点的电位差。

4. 答：感知电流是引起人感觉的最小电流。

5. 答：所谓保护接地，就是把在故障情况下可能呈现危险的对地电压的部分同大地紧密地连接起来，它是电气技术上的一种安全措施。

6. 答：所谓电伤，就电流的热效应，化学效应或机械效应对人体外部造成的局部伤害，包括电弧烧伤、电烧伤、电烙印等。

7. 答：是指根据各个不同工作场所将接触电压限制在一定安全范围内的电压。

8. 答：指人站立在地上具有不同对地电压的两点在人的脚之间所承受的电压差。

9. 答：是防止由漏电引起触电事故、防止单相触电事故、防止由漏电引起火灾事故，以及监视或切除一相接地故障。

10. 答：由于线圈本身电流的变化而在线圈中产生的感应电动势。

11. 答：电火花是电极间的击穿放电。

五、简答题

1. 答：1）电流表必须与负载串联，电压表必须与被测电压并联。

2）应根据被测量值的大小，选择适当的量程。

3）对于磁电系仪表，使用时要注意端子极性。

4）测量前，要弄清被测电流或电压的性质和波形，选择性质合适的仪表。

2. 答：导致电动机过载的主要原因：1）机械负载过大；2）电动机容量选小；3）通风系统有故障（如通风道堵塞、风扇变形或未装风扇）；4）电动机定、转子铁心相摩擦（可能是轴弯曲、轴承故障、铁心变形或松动、安装不正等造成）；5）绕组绝缘表面油污过多，影响散热。

3. 答：1）用万用表欧姆档"R×1"档量程分别找到同一相的两个端子。2）将两相绕组任意串联并接入灯泡，组成闭合电路。3）将另一绕组通上220V交流电。4）观察灯泡是否发亮。若灯泡发亮，说明串联的这两相为正串联，即一相的首端与另一相的尾端相联；若灯泡不亮，则说明这两相是反串联，即两相的首或尾是相联的，将其中一相的首尾对调即可。

把第一次测试时串联的任意一相与接电源的一相串联，用同样的方法即可判明绕组的首尾端。

4. 答：对大修后的电动机需进行一些必要的试验，以检验电动机的修理质量。其主要试验项目：绕组冷态直流电阻的测定，绝缘性能试验及空载试验等。

5. 答：当低压断路器接通电源后，电磁脱扣器、热脱扣器及欠电压脱扣器若无异常动作，断路器属运行正常。

当线路发生短路时，短路电流超过瞬时脱扣整定值，电磁脱扣器产生强大的吸力，将衔铁吸合，并撞击杠杆，使搭钩与锁扣脱开，锁扣在反力弹簧作用下，将三副主触头分断，切断电源。

当线路发生一般性过载时，过载电流虽不能使电磁脱扣器动作，但能使热元件双金属片受热弯曲，推动杠杆使搭扣与锁扣脱开，将主触头分断。

欠电压的工作过程与电磁脱扣器相反。当线路中电压下降到某一数值时，欠电压脱扣器吸力减小或消失，衔铁被拉力弹簧拉开并撞击杠杆，主电路电源被分断。

6. 答：电气控制电路中的单元电路称为环节，异步电动机电气控制电路中常用的环节有按钮点动控制环节、单向起动控制环节、Y—△起动控制环节、频敏变阻器起动控制环节、正反转控制环节、自动往返控制环节、反接制动控制环节、能耗制动控制环节、再生发电制动控制环节、机械制动控制环节和串电阻调速控制环节。

7. 答：机床电路中常用的保护环节及作用如下：

1）失电压保护。机床正常运转时，由于某种原因突然停电而当电源恢复送电后，又使电动机不能自行起动，以保护设备和人身安全。

2）过载保护。当电动机过载运行时，通过热继电器的控制作用，使接触器线圈断电，电动机停止工作，避免电动机因长时间过载运行而损坏。

3）短路保护。机床电路中如发生短路故障，可迅速切断电源，保护其他元器件和线路不受损坏。

4）联锁保护。在机床控制电路中，各电动机、电器元件之间进行联锁，以确保设备和人身安全。

5）限位保护。将机械动作限制在一定范围，避免事故。

8. 答：常用的控制方法如下：

1）倒顺开关正、反转控制。

2）接触器联锁的正反转控制。

3）按钮联锁的正、反转控制。

4）按钮、接触器双重联锁的正、反转控制。

9. 答：导线联接的基本要求：

1）连接牢靠，接头电阻小，机械强度高。

2）防止接头的老化。

3）绝缘性能好。

10. 答：插座的安装要注意遵守插座孔排列的规定：对单相双孔插座，在双孔垂直排列时，上孔为相线，下孔为零线；水平排列时，相线在右孔，零线在左孔。单相三孔插座，保护接地（接零）线在上孔，相线在右孔。接线时，决不允许在插座内，将保护地与零线直接相接。

11. 答：依据二极管正向电阻小，反向电阻大的特点，就可利用万用表来判别极性。

12. 答：为减少因涡流而使铁心发热，在每层的硅钢片上涂一层绝缘漆，这样可把涡流限制在每片钢片内，涡流就大大减小了。

13. 答：当存在一定电压的触头分断时，由于撞击电离，热电子发射和热电离作用，使触头间隙中出现电子流，这种电子流的存在，使得触头间的气体变成导体，于是就产生了电弧。

14. 答：安全载流量是指在不超过导线最高工作温度条件下允许长期通过的最大电流。影响电缆、汇流排载流量和允许电流密度的因素包括它的材质、绝缘材料的耐热等级、敷设方法、敷设环境和机械强度。

15. 答：用一只功率表测量三相对称电路的无功率的接线方法：使流过功率表电流线圈的是 U 相的相电流，而电压主线圈上承受的是 V、W 两相的线电压 U_{VW}。

16. 答：通用示波器由 Y 通道、X 通道和主机等三大部分组成。

17. 答：电子设备中有两种含义的接地。一种是为了保护人、机安全，将电子设备的金属外壳与大地相连，称为安全接地。安全接地可防止设备漏电或机壳不慎碰到高压电源线时造成人员触电事故，同时还可屏蔽雷击闪电干扰。另一种是电子设备工作和测量时，常把直流电源的某一端作为公共电位参考点，一般将该点接底板或外壳，不一定接大地，称为工作接地，合理设置工作接地点是抑制干扰的重要方法之一。

18. 答：1）两人以上工作，其中一人操作一人监护且有上岗证，有相应的安全保护措施。

2）高、低压同杆架设时应与高压距离。

3）低压导线未采取绝缘措施时，人不得穿越。

4）上杆分清相、零线。断线时，先断相，后断零，搭接反之。

5）人体不得同时接触两个线头。

6）工作时只能位于带电部分一侧。

19. 答：直接措施：1）绝缘；2）屏护；3）障碍；4）间隔；5）漏电保护；6）安全电压。

间接措施：1）自动断电源；2）加强绝缘；3）不导电环境；4）等电位环境；5）电气隔离；6）安全电压。

六、计算题

1. 解：$I=\frac{U}{R}=\frac{220}{500}\text{A}=0.44\text{A}$，$I_{总}=10\times0.44\text{A}=4.4\text{A}$

所以可选用5A的熔丝。

2. 解：因为 $P=\sqrt{3}UI\cos\varphi$

所以 $I=\frac{P}{\sqrt{3}U\cos\varphi}$

代入数据得 $I=\frac{10000}{\sqrt{3}\times380\times0.85}\text{A}=17.88\text{A}$

因为 $I_{熔丝}=(1.5\sim2.5)I$，为计算方便，系数取2计算得

$$I_{熔丝}=2\times I=2\times17.88\text{A}=35.76\approx36\text{A}$$

3. 解：①当电动机某相发生碰壳短路时，有

$$I_{\text{d}}=\frac{U_{相}}{R_0+R_{\text{d}}}=\frac{220}{4+4}\text{A}=27.5\text{A}$$

此电流不能使保护装置动作，熔断器断不开电源，故障长时间存在。

② $U_{\text{d}}=\frac{R\times U_{相}}{R_0+R_{\text{d}}}=\frac{220\times4}{4+4}\text{V}=110\text{V}$

$U_0=\frac{R_0\times U_{相}}{R_0+R_{\text{d}}}=\frac{220\times4}{4+4}\text{V}=110\text{V}$

所以此时，除了接触该设备的人有触电危险外，由于零线对地电位升高到110V，与接零设备接触也有触电危险。

4. 解：（1）求支路电流

$$I_1=\frac{U}{R_1}=\frac{220}{484}\text{A}=0.45\text{A},\qquad I_2=\frac{U}{R_2}=\frac{220}{809}\text{A}=0.27\text{A}$$

（2）求总电流

$$I=I_1+I_2=0.45\text{A}+0.27\text{A}=0.72\text{A}$$

5. 解：①接成△时线电流为

$$I_{\text{L}\triangle}=\sqrt{3}I_{\phi\triangle}=\sqrt{3}\times\frac{380}{5.78}\text{A}=114\text{A}$$

接成△时的功率为

$$P_{\triangle}=\sqrt{3}U_{\text{L}}I_{\text{L}\triangle}\cos\varphi=\sqrt{3}\times380\times114\times1\text{W}=75\text{kW}$$

接成Y时的线电流为

$$I_{\text{LY}}=I_{\phi\text{Y}}=\frac{380}{\sqrt{3}\times5.78}\text{A}\approx38\text{A}$$

接成Y时的功率为

$$P_{Y}=\sqrt{3}U_{L}I_{LY}\cos\varphi=\sqrt{3}\times380\times38\times1\text{W}=25\text{kW}$$

② $P_{\triangle}=\sqrt{3}U_{L}I_{L\triangle}\cos\varphi=\sqrt{3}\times220\times\left(\sqrt{3}\times\dfrac{220}{5.78}\right)\times1\text{W}=25\text{kW}$

6. 解：$I_{b}=\dfrac{U_{相}}{R_{0}+R_{人体}}=\dfrac{220}{4+1700}\text{A}=129\text{mA}$

流过人体的电流为129mA，远大于人体安全电流30mA，故有触电的危险。

参考文献

[1] 王兵．维修电工实用技术手册［M］．南京：江苏科学技术出版社，2008.

[2] 杨筠怀．高级维修电工技术［M］．北京：机械工业出版社，1999.

[3] 王兆晶．维修电工（中级）［M］．北京：机械工业出版社，2006.

[4] 王兆晶．维修电工（初级）［M］．北京：机械工业出版社，2005.

[5] 杨清学．电子产品组装工艺与实训［M］．北京：人民邮电出版社，2007.

[6] 姚丙申．维修电工操作技能实训图解［M］．济南：山东科学技术出版社，2007.

[7] 王兰君，郭少勇．新编电工实用线路500例［M］．郑州：河南科学技术出版社，2002.